海外油田地面工程电气设计安全分析

中国石油工程建设有限公司北京设计分公司　编

石油工业出版社

内 容 提 要

本书从海外油田地面工程电气设计安全基础知识出发，系统介绍了海外油田地面工程电气设计安全分析导则，变电、供配电及输电环节等设计安全对标分析，海外油田爆炸分区对标分析等，以应用为主线，具有较强的实用性、指导性。

本书可作为从事海外油田地面工程电气设计工程师的参考用书，也可作为海外油田地面工程电气设计安全培训教材。

图书在版编目（CIP）数据

海外油田地面工程电气设计安全分析 / 中国石油工程建设有限公司北京设计分公司编 .—北京：石油工业出版社，2020.1

ISBN 978-7-5183-3766-8

Ⅰ . ①海… Ⅱ . ①中… Ⅲ . ①油田开发 – 地面工程 – 电气设备 – 安全技术 Ⅳ . ① TE38

中国版本图书馆 CIP 数据核字（2019）第 275421 号

出版发行：石油工业出版社
（北京安定门外安华里 2 区 1 号 100011）
网 址：www. petropub. com
编辑部：（010）64523553 图书营销中心：（010）64523633
经 销：全国新华书店
印 刷：北京中石油彩色印刷有限责任公司

2020 年 1 月第 1 版 2020 年 1 月第 1 次印刷
787 × 1092 毫米 开本：1/16 印张：8
字数：164 千字

定价：50. 00 元
（如出现印装质量问题，我社图书营销中心负责调换）

#《海外油田地面工程电气设计安全分析》编委会

PREFACE 前言

电气工程作为油田地面建设中举足轻重的环节，其设计本质安全既是确保油田各类设备正常运行的必要条件，又是实现从源头杜绝事故和人身安全保护的关键因素。随着中国石油海外工程市场的逐渐拓展，油田电气工程设计国内规范渐渐向国际标准看齐，相关安全管理原则也逐渐向国际一流油气公司靠拢，其设计本质安全理念逐渐提升。

本书描述了海外油田地面工程电气设计中经常遇到的技术理念问题，包括电气系统安全及可操作风险分析（ELSOR）、变配电设计安全分析、输电线路设计安全分析及爆炸危险区域划分分析，以实际工程应用为主线，力求精简、实用，为海外油田工程电气设计工作者提供参考。

第一章海外油田地面工程电气系统安全及可操作性分析，详细讲述了国外油田电气类项目技术评审流行的电气系统安全及可操作性评估系统，从系统角度出发对电气工程设计项目及橇装设备电气设计中潜在的危险进行预先的识别、分析和评估，识别出电气方面的潜在风险，分析提出改进意见和建议，评估电气系统的安全性和可操作性，为制订基本防灾措施和应急预案提供依据。

第二章海外油田地面工程变配电设计安全分析，针对项目中经常遇到的主要技术问题，与国际标准对标，分析了负荷计算、过电压、变配电安全净距及变压器的防火设计，阐述了国内外标准对于电气相色、蓄电池、漏电保护及电气五防的不同之处。结合国内外项目建设设计经验，对海外油田地面工程变配电设计中需要注意的关键安全要点进行分析与总结，起到了相关设计安全原则速查索引的作用。

第三章海外油田地面工程输电线路设计安全分析，主要针对架空输电线路安全系数选择、绝缘配合、线路防雷、安全防护等设计要点，对海外油田输电线路设计安全起到了提纲挈领的作用。

第四章海外油田地面工程爆炸危险区域划分，为油气工艺站场的整体布局提供了重要的依据，为项目的危险和可操作性研究（HAZOP）提供了定性的分析和定量的评价，对油田安全至关重要。本章针对目前流行的 API RP 500/505、EI 15、IEC 60079、SY/T 6671 等国内外防爆分析标准作了对标分析，并举例描述了不同标准对相同设备实际爆炸、危险区域划分的不同，对海外油田电气设计安全起到了重要的参考、指导作用。

本书由中国石油工程建设有限公司北京设计分公司电气工程室编写。中国石油工程建设有限公司北京设计分公司始终以保障中国石油海外油气业务发展为己任，积极承接海外油田地面工程设计任务，几年来经营规模迅速扩大，锻炼了一支坚强有力的国际化设计队伍，积累了宝贵经验。全书主编为马坤，第一章、第二章由梅业伟编写，第三章由孟晓龙编写，第四章由施逢源、刘朝霞编写。本书由黄京俊、刘志伟、冯涛、李纯、刘学敏、张国强、孙为森、王运涛、房昆、张思雨负责相关章节的审核。

由于水平有限、海外油田地面工程电气设计内容较多等原因，书中难免出现偏颇之处，敬请各位专家、学者指正。本书提出的国内外电气设计对标认识还有待于在以后的实际工作中进一步完善，从而使其更加实用。

CONTENTS 目录

第一章

海外油田地面工程电气系统安全及可操作性分析

第一节　概　　述

海外油田地面工程电气系统的设计安全理念是预防为主、综合治理。对于油田地面工程来说，电气系统是确保正常生产的心脏，遵照风险判定逻辑，采用科学、严谨的方法对正在设计、施工和运行的生产装置进行安全评价，发现潜在的事故风险，已经成为确保安全生产的首要任务。海外油田电气系统中的安全指在正常、紧急和维修情况下的人员和设备安全，而设备安全最终也与人员安全密切相关。因此，从人员和设备安全的角度进行安全判定是海外油田电气系统安全分析的重点。

电气系统安全及可操作性分析（Electrical System Safety and Operability Review，ELSOR）是按照科学的程序和方法，从系统角度对电气工程项目或橇装设备电气设计中潜在的危险进行预先的识别、分析和评估，识别出电气方面的潜在风险，分析提出改进意见和建议，评估电气系统的安全性和可操作性，为制订基本防灾措施和应急预案提供依据。

ELSOR 的主要目的是对电气系统及设备的安全性和可操作性进行设计评审，由建设、生产、维护、设计及监理、制造方等各自的负责人对电气系统进行共同分析研究。ELSOR 包括对设计文件进行安全性、完整性、可靠性和可操作性的严格分析，确保工程建设能够在真实的施工场景下达到预期设计目的。分析过程中，各专业专家集体辨识潜在偏离设计目的的问题，分析其可能的原因并评估其相应的后果。ELSOR 分析过程采用标准引导词，结合相关电气参数等，按不同系统进行先局部后整体的分析，并辨识正常或非正常时可能出现的问题、产生的原因、可能导致的后果及应采取的措施。

ELSOR 确立了电气系统设计安全的集体评估方法。工程各方集体参与评审，通过头脑风暴对电气系统进行完整的分析，避免了个人对问题认知的片面性。ELSOR 评估是对系统—单体—设备的审核，整体评审过程较为全面，有利于发现各种潜在的系统、设备、操作、维护风险；ELSOR 评估有完整的逻辑结构，易于各方掌握。

第二节　ELSOR 评审指南

ELSOR 是在设计阶段对将来要投产的设备及系统或现有运行站场中的电气系统和设备进行评估的过程，以验证设计完整性，并确定设计的不足之处，从而避免在安装和运行过程中导致潜在故障，避免供应中断、设备故障和对操作人员不安全的风险。ELSOR 提供了一套系统性的评审方法，以解决在电气相关系统和设备的设计参数、安装、操作和维护方面存在的差异和 / 或不足之处，以及不符合相关标准、规章制度、法律法规和项目设计基础的情况。ELSOR 评审集中于系统设计、设备布置、安全间距、安装、操作及维护的相关活动和程序。

ELSOR 涉及以下两个方面的评估：

（1）电气系统安全与完整性设计（Electrical System Safety and Integrity Design，ESSID），包括：评估电气系统和设备的完整性和可操作性，确保站场安全可靠地运行；根据完整性、可操作性和安全问题，为系统、布局和设计的修改提供建议。

（2）电气系统任务及操作安全（Electrical System Tasks and Operational Safety，ESTOS），包括：评估在正常、紧急和维护操作场景中由于人员活动而造成的潜在电气危害；为改进设计、安装、操作和维护程序提供建议，以克服完整性、可操作性和安全问题。

一、ELSOR 目标

（1）使用 ELSOR 评估电气系统和设备的完整性和可操作性，以确保工厂的安全运行。

（2）使用 ESTOS 评估由于人员活动及错误操作引起的潜在电气危害。

（3）以评审报告的形式对评审过程中确定的电气系统的修改或改进进行整理记录。

二、ELSOR 评审范围

评审包括对单线图、保护配置原理图、电气设备布置和危险区分类（HAC）、计算和各类技术程序文件（包括设计基础、设备技术规格书及数据表）的审查。如果系统中存在相似或重复的文件，可以只评审一套图纸与文件，以避免重复工作。

三、ELSOR评审方法

为便于ELSOR的检查，应将被评审的电气系统分成若干子系统，以便充分确定每个部分的设计意图。需要进行评审的图纸与文件应予以标识和列出清单，所标识的图纸与文件应为电气系统设计文档的一部分，且影响到ELSOR中涉及的风险问题。对系统的可操作性、完整性和安全性无影响作用的文件，例如电缆表等可不作为审查内容。

在概念设计或初步设计阶段，ELSOR评审该阶段的主要系统性风险，以便在未来设计时考虑这些潜在的风险。

详细设计的ELSOR评审在提出采购要求之前完成，以避免对后期采办产生直接的影响。在详细设计阶段，ELSOR最好的时机是在详细设计处于0版冻结状态时，或在详细设计关键技术评审后无重大改动的时间点进行。

图纸及其他包括文档在内的ELSOR相关资料，应由项目设计团队以软拷贝、硬拷贝形式提供给ELSOR评审团队，提交之前经相关设计主管部门对设计质量进行适当评审和批准，并声明适合ELSOR评审。

评审应采用“自下而上”的方法，即从下游终端负荷至上游电源的逻辑顺序进行。这种“自下而上”的方法将从最底层系统相关的负荷开始，在层次结构中向上推移到最高层供电系统。这种方法与实际电气设计理念及顺序相吻合，完全根据下游负荷的大小及分布设计供电系统。例如，ELSOR在评审中压开关柜进线额定值之前，应先对低压变压器的容量进行评估，这是因为考虑到中压开关柜进线的容量是与包括低压变压器在内的中压开关柜馈线的负载相关联的。

在评审过程中，设计团队负责人应对每一个被评审部分的设计理念进行描述，以便找出可能难以在图纸和文件中表达的理念及意图，保证ELSOR评审团队的每一位成员清晰地了解系统设计意图。

1. ESSID

（1）ESSID应首先确立评审关键项，根据初定的评审关键项对偏离设计意图的情况进行审查和讨论，以确定导致失去系统完整性和可操作性的原因及其后果及其他的相关安全风险，并提出建议解决方案。电气系统设计的所有设计输入都应在ESSID中被审查，且可能错误使用的设计输入也应该在团队评审中讨论判定出来。ESSID评审过程中应涵盖可能直接影响系统的可操作性、完整性和可靠性的设计参数及设备等重要方面。

本书中提供的ELSOR评审细节可能并不详尽，在某些情况下评审团队需要根据经验或一些与本书列出的准则不同的其他标准进行审查。增加及减少评审关键项的决定应由评审成员与设计团队共同审议，以达成技术上可接受的协商一致的解决方案，所做出的评审提案最好由国际标准、惯例或任何已证明有效的设计程序进行支持。

（2）ESSID 评审应根据电气系统的特点与设计理念，采用表 1-1 中的逻辑词语从数量或质量上对电气系统设计进行分析。具体分析实例见本章第五节。

表 1-1 ESSID 评审逻辑词

分析类型	意义
无或不	完全否定
多	数量增加
少	数量减少
和	数量上修改 / 增加
被包括	数量上修改 / 降低
反向	与设计理念相反
不同于	完全替换
早期	相对于时钟时间
晚期	相对于时钟时间
之前	相对于序列的顺序
之后	相对于序列的顺序

（3）被审核的电气系统、设备及其设计参数应清晰记录在 ESSID 工作表中，并对所评审的每一个元件和参数的符合性和不符合性进行说明。

2. ESTOS

（1）ESTOS 评估潜在的由于正常的人员活动及操作失误可能导致的风险，并提供关键性的修正建议用来保证电气系统的安全，且提升电气系统及设备在安装调试过程中及未来运行中的可靠性和可操作性。ESTOS 关于安全评审和建议的改进措施应列在 ESTOS 工作表中。ESTOS 的评审应在 ESSID 完成后进行或与 ESSID 并行，ESTOS 应对系统的所有标识部分进行评审，覆盖整个系统。

（2）ESTOS 对于一个设备或系统的发现和建议也适用于类似的设备或系统。

（3）ESTOS 评审的结果及建议会记录在报告中，由于 ESTOS 的建议是关于人员安全的，应在项目执行时给予最高优先。

3. 工作流程

ELSOR 评审工作流程如图 1-1 所示。

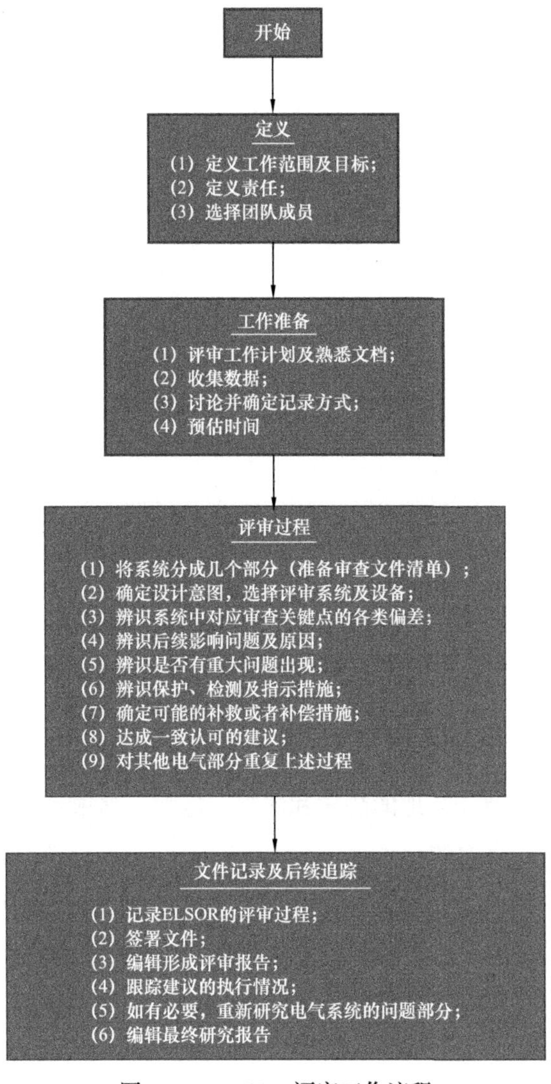

图 1–1　ELSOR 评审工作流程

第三节　ESSID 评审指南

ESSID 主要审查但不限于以下文件，具体执行中可根据实际情况增减。

（1）设计基础。

（2）变压器容量计算。

（3）开关设备技术规格书及数据表。

（4）交流、直流不间断电源技术规格书及数据表。

（5）应急柴油发电机技术规格书及数据表。

（6）电动机技术规格书及数据表。

（7）电缆技术规格书及数据表。

（8）开关设备布置图。

（9）电池室布置图。

（10）电缆敷设图。

（11）照明布置图。

（12）接地布置图。

（13）动力箱单线图。

（14）MCC 单线图。

（15）开关柜保护配置原理图。

（16）保护配合及整定计算。

在不同项目中，需要根据具体的要求进行审查。任何特殊设计应接受专家团队确定的 ESSID 审查。

审查文件的技术优先顺序如下：

（1）设计基础。

（2）技术规格书。

（3）国际标准。

除上述规定外，还应遵守当地的法律和法规，通常根据项目的合同要求，当地国家的法律和法规是合法和有约束力的。

本部分内容参考某国外油田地面工程项目电气系统部分的 ELSOR 分析，基于此项目电气设计的评审结果对 ESSID 评审进行具体说明。下面的一些具体做法和要求都是基于该海外项目，具体应用中还需要结合项目实际情况。

一、设计基础

设计基础应审核以下内容：

（1）技术要求应遵循当地的法规要求。由于地方法律对每个项目都有非常具体的要求，应视项目所在地而定，因此可以聘请充分了解地方法律和规章的地方机构参与审查。

（2）指定的项目标准。在确定是强制性要求还是建议时应谨慎决策。建议并不是必须要执行的，如果项目设计基础中需要这样合理的建议，且被认为是一个关键因素，在设计中也可以考虑采纳。

（3）设计参数的安全限度。应该包括一个普遍接受的设计边界和安全的设计限度（如跨步电压和接触电势）。

（4）安全联锁要求。联锁应以自动化水平和项目的操作逻辑理念为基础。

（5）接地原则。接地对系统安全非常重要，如果不严格遵守安全接地规程，系统接地

的安全性就会受到威胁。

（6）设计基础应确定具体的设计余量、参数、条件（环境）和最低要求。一般的如“足够的”“足够的余量”“如有需要”等没有确切规定的词语尽量少用。

（7）设计基础中应包括对裸露带电部件的具体防护设计要求。

（8）与应急有关的设计要求包括应急电力需求、自动时间、最低照度水平和应急照明。所有这些应急系统及设备应自动启动，远程能够控制，且根据应急触发条件自动控制。应急情况下的所有异常状态（如应急设备不可用、过载或故障）应在控制中心报警。

（9）对于所有类型的设备和不同的安装条件（如室内、室外等），应明确规定设计环境温度。

（10）在各种环境条件（如室内、室外等）下安装的设备，应注明设备防护等级。应彻底检查水从泄漏管道或法兰等处进入电气设备的可能性。

二、变压器容量计算

（1）连续负荷、间歇负荷和备用负荷应清楚标识。

（2）连续负荷应该将荷载视为一个系统考虑，另外要考虑负荷系数。

（3）应考虑计算间歇负荷占比总间歇负荷总和的 30%。

（4）应考虑总备用负荷，并将最大的备用负荷或总备用负荷的 10%（以最大的为准）作为计算选择变压器容量的条件之一。

（5）变压器额定的余量裕度至少应考虑为 10%。未来的负荷余量的确定应基于设计基础或其他文件（如项目合同规范）。如果项目无明确余量要求，则应考虑 10% 的设计安全裕度。如果变压器运行方式为 2 × 100%，则每个变压器的额定功率满足总负荷要求即可。

三、变压器技术规格书和数据表

（1）变压器应按照项目环境数据中规定的适当设计环境温度进行选择。按照 IEC 60076《电力变压器》规定，当电气设备环境温度为 40℃时，变压器顶层油温升 60K 和绕组平均温升 65K 为安全余量设计，如果项目设计的环境有差异，允许适当的温升变化。基准环境温度依据 IEC 60076，任何时刻不超过 40℃；最热月平均温度 30℃；年平均气温 20℃，高出此温度，温升需进行相应修正。如果电气设备的技术规范中明确规定了设计环境和温升，则在技术规格书中采用规定值。设计环境温度可因安装地点而异（室内和室外），并可根据提供遮阳和强制通风等方式进行调整。应明确规定变压器在 ONAN 和 ONAF 两种运行方式下的额定值。

（2）油温和绕组温升应明确表述为“顶层变压器油温升”和“绕组平均温升”。这些标准词在 IEC 标准中使用，遵循 IEC 标准的建议。平均温升总是低于顶部油温，因此文件表述应谨慎措辞。

（3）要求 OLTC/OCTC 范围和每一步百分比电压值应根据潮流计算明确。

（4）变压器通过故障短路的承受能力应按照 IEC 标准中推荐的基于上游开关设备的短路电流值（不是开关设备的短路水平，而是基于短路计算的值），或者可以考虑上游是无穷大系统，以便保证设计余量。

（5）应指定变压器在全分接范围内提供额定功率。

（6）应说明变压器阻抗百分比基于的容量，另外短路计算时，厂用电应考虑阻抗百分比的制造误差。

（7）变压器的安装位置（室内外）应注明，任何特殊的使用条件应予以说明。

（8）在额定功率输出时，套管的额定安全余量应至少比变压器在最低分接头位置、最恶劣工况下的最大负荷电流高 10%。

（9）变压器应装有泄压阀，其动作立即联锁跳闸。

（10）室内变压器宜为干式，以减少火灾可能性。易受火灾影响的油浸变压器，必须使用高燃点的变压器绝缘油（高于 300℃，根据 IEC 标准用首字母“K”表示）。

四、开关设备规格书和数据表

（1）低压开关设备短路电流水平应根据短路计算确定，安全余量约为 10%，并根据 IEC 标准选择最接近的标准额定值。设计安全余量保证最低不得低于 5%。计算的短路电流值为 1/2 周波时间的短路值。

（2）短路计算应考虑到电气系统未来的扩展（相应的变压器未来的扩建容量）负载，并假设至少 80% 的未来负荷的都是电动机类型。

（3）由于应急柴油发电机经常在实验状态下与系统同步，且进行带载实验，整体启停较为频繁，开关柜在进行短路电流计算时应计入应急柴油发电机的阻抗。如果应急柴油发电机有自己的 LOAD BANK，在短路研究中无须考虑应急柴油发电机的影响。

（4）短路电流峰值和耐受值应基于短路计算的峰值电流与均方根值短路比，见表 1–2。审查者应注意的是，这一比值经常超过 2.2，在超过 2.2 的情况下，注意标识已确定的值。

（5）开关柜母线额定值应高于额定功率输出时最恶劣情况下所对应的最大变压器电流，安全余量约为 10%。

（6）设计环境温度应按设计基础或工程数据中规定的温度。

表 1-2　峰值电流与均方根值短路比

短路电流均方根值 I，kA	功率因数 $\cos\phi$	短路比 n
$I \leqslant 6$	0.7	1.5
$6 < I \leqslant 10$	0.5	1.7
$10 < I \leqslant 20$	0.3	2
$20 < I \leqslant 50$	0.25	2.1
$50 < I$	0.2	2.2

（7）布置在专用配电室内的开关柜防护等级宜为 IP2X 或以上，布置在电气专用房间以外的厂用电气设备应满足环境条件对外壳防护等级的要求，布置在恶劣环境场所的电气设备应达到 IP54 级，其他场所不宜低于 IP23 级。

（8）如果油田当地是技术工人操作电器设备，会按照挂牌和上锁的方法遵照工作许可程序执行操作规程，开关柜内部分隔类型低压柜有 FORM1/2a/2b/3a/3b/4a/4b 五种，中压柜有 LSC1/2/2A/2B 四种，具体根据业主招标文件、防护要求或者当地习惯选用。

（9）只有当断路器处于断开位置，且门处于关闭状态时，断路器才能进入和退出。

（10）进线应装设避雷器，以防止雷电冲击。

五、直流 UPS 规格书和数据表

（1）直流 UPS 应具有 2×100% 整流器，容量应基于 100% 的负载加上电池从完全耗尽状态快速浮充，设计余量为 10%。

（2）直流 UPS 电池应根据设计基础进行配置。如果采用 2×50% 的设计，应规定两组电池可以自动并联。在紧急情况下，可手动切换。

（3）电池应配备环境温度补偿，根据电池温度调节电池充电电流，否则电池将过早地失效。

（4）备用时间按设计基础确定。

（5）明确母线运行电压范围。

六、交流 UPS 规格书和数据表

（1）交流 UPS 整流器应基于 2×100% 整流器。整流器容量应考虑在 100% 负载的基础上加上完全耗尽的电池的快速充电负荷，安全裕度为 10%。逆变器容量应为 2×100% 负载，设计余量为 10%。

（2）交流 UPS 电池配置应根据设计基础进行。如果采用 2×50% 的设计，则应规定两个电池的自动并联。在紧急情况下，应提供从远程中心位置手动切换的选择。

（3）电池应配备环境温度补偿，根据电池温度调节电池充电电流，否则电池将过早失效。

（4）备用时间按基础设计确定。

（5）主备连续切换应在半个周期内完成。

（6）短路额定值的选择应根据在 5ms 或更短时间内清除最大额定馈线的故障短路电流。

（7）进线侧应加入避雷器保护。

（8）输入 / 输出隔离变压器。

（9）明确旁路要求。

七、应急柴油发电机规格书和数据表

（1）明确应急柴油发电机组性能等级，一般为 G2。

（2）明确功率定额种类（COP、PRP、LTP、ESP）及以下要求：

① 启动装置要求；

② 启动时间、次数要求；

③ 励磁装置要求；

④ 电压、电流技术要求。

（3）应指定应急发电机具有在适用于项目的极端温度变化下启动的能力，因此在需要润滑油预热的项目中应明确标注。

（4）为了确保正常启动，机组的预润滑需要在数据表中明确。

（5）发电机的防护等级应比其所处环境要求的等级高 1 级，建议最小保护为 IP32。

（6）应急发电机的设计安装应确保进气道无阻塞。

（7）应急发电机应设计为 F（H）级绝缘，B（F）级温升。

（8）应急发电机仅在超速和短路时动作为跳闸（如果应急发电机对工厂和人员的安全至关重要，例如在海上设施中），其他保护应只报警。

八、电动机规格书和数据表

（1）电动机的设计额定堵转时间要高于启动时间至少 10%，考虑投资的因素可采用堵转保护及速度传感器。

（2）电动机的额定设计安全余量应至少超过驱动设备轴输入功率要求的 10%。当泵的叶轮设计要在特定情况升级到更高功率时，电动机的额定功率也要相应提高。

（3）电动机应至少为 B 级温升，F 级绝缘。

（4）电动机额定功率超过馈电变压器功率的20%，需要做电动机启动计算，确保启动及系统的电压降满足要求。如果需要，可采用软启动装置或限制电动机启动激磁涌流。

九、电缆规格书和数据表

（1）电缆额定电压应根据IEC 60183《高压电缆选择》中建议的接地故障清除时间来选择。额定电压在任何情况下，应低于最大预期连续工作电压。

（2）电缆短路电流额定值以后备保护故障清除时间（继电器工作时间＋100ms）为依据。

（3）受限流熔断器保护的电缆可按一个周期短路容量和机械强度来确定。

（4）电缆额定值应根据安装方式选择，并根据IEC 60364《低压电气装置》与IEC 60502《额定电压1～30kV挤压绝缘电力电缆及其附件》考虑所有因素折减系数。

（5）电缆的耐火等级按设计基础中规定的工程规范执行，油田地面工程最低限度电缆应指定为阻燃。

十、开关设备布置图

（1）33kV开关柜应在专用室内布置。

（2）开关柜前的最小间隙应满足NEC的基本要求。开关柜应按以下最小间距安装：

① 盘前操作最小间距：

（a）额定电压为3.3kV以下的开关柜为1250mm；

（b）额定电压为6.6kV及11kV的开关柜为1600mm；

（c）额定电压为33kV的开关柜为1800mm。

② 开关柜面对面最小间距：

（a）额定电压不超过3.3kV的开关柜为1500mm；

（b）额定电压为6.6kV及11kV的开关柜为1800mm；

（c）额定电压为33kV的开关柜为2700mm。

除此之外，开关柜的盘前间距也应足够将断路器完全从开关柜中拉出，并具有至少500mm的间隙，以允许操作员操作断路器小车。

（3）对于额定电压3.3kV、6.6kV及11kV、33kV的开关柜，需要后方接入电缆连接或维护的开关柜与墙壁的间距应至少分别为900mm、1200mm和1500mm。额定电压为6.6kV不需要后方维护的开关柜与后墙的间距最小为900mm或大于300mm。

（4）开关柜顶部空间应根据制造商的建议确定，并应考虑电缆桥架、风管等其他设备的要求。空间大小应基于电弧气体排放的要求并应严格按照开关设备制造商规定的最低要求执行。

（5）配电室应至少设有两个出口，其中一个可以用于设备的装卸。设备门应适合于进出位于开关柜室内设备的最大运输尺寸。

十一、电池室布置图

（1）电池应放置在通风良好的房间，大于或等于 20kW·h 以上的电池室应设置强制通风。

（2）蓄电池室照明灯具应适用于 2 区 Exd IIC。

（3）蓄电池室照明灯具应安装在侧墙壁上（不得安装在蓄电池架上方）。

（4）电池室内不应安装电源插座，如有需要，电源插座应安装在电池室外。

（5）电池之间的连接头应绝缘，电池端子柱应有绝缘护罩（在维护期间可允许有一个小洞用于电压测量）。

（6）电池应按行和层安装，相邻两行之间的最小间距为 800mm。

（7）蓄电池室内不得安装照明开关。如有需要，照明开关应安装在房间外的安全区。

（8）电池室房间内不得安装插座。

（9）电池充电应根据室温进行调节，避免电池过热和过早损坏。

（10）根据制造商的建议，定期对电池进行实际负载容量测试，以评估电池的健康状况。设计中应考虑必要的措施。

（11）蓄电池室地板的坡度应为 1∶100，以便在酸溢出时，酸液会聚集在一个角落。

（12）对于铅酸电池，电池室地板必须防酸。

十二、电缆敷设图

（1）电缆不得在以下区域敷设：

① 热源；

② 容易导致电缆损坏的设备故障区域（由于蒸气、酸、热液体的释放）；

③ 0 区内。

（2）电缆应在下列情况做好防护：

① 行人过路处（如有需要，须在保护管或涵洞内妥善保护）；

② 高架在道路交叉口（须有清晰的高度，以便车辆通行）；

③ 车辆经常接近地点；

④ 输送热液体（包括蒸气和油）的管道法兰连接处附近（应使用适当的措施防止热液体溅出）；

⑤ 物体经常坠落的地方；

⑥ 用于高温环境的电缆（如发动机上的电线）应适合其所处的温度（矿物和聚四氟乙烯电缆）。

（3）电缆敷设避免急弯。弯曲半径应至少比厂家推荐的弯曲半径大10%。电缆盘弯头应采用适当的型号和工厂制造，以避免尖锐的边缘损坏电缆。

十三、照明布线

（1）三分之一或四分之一的照明为应急照明。

（2）出口通道的最低照度应符合当地法规规定。

（3）应备有测试应急照明的措施。

（4）应急照明应使用采用直流电源或内置逆变设备的照明灯具，在断电后提供照明，直到应急发电机投入使用。

（5）照明布局应遵循备用灯具电源连接到不同的回路的原则。

十四、接地布置

（1）接地设计应达到IEEE 80《变电站接地安全指南》推荐的跨步电压和接触电势要求。实际的跨步电压和接触电压应低于IEEE 80所给出的可接受的跨步电压和接触电势（适用于50kg体重）。

（2）站场围栏接触电位通常是一个临界区域，尽管系统有非常低的接地电阻，围栏接触电位仍可超过设计极限。应注意，需要额外的接地极和接地导体以将接触电位限制在允许的范围内。围栏接地原则在设计基础中应明确规定，建议将接地网延伸到围栏外至少1.5m，并以25m的间隔与接地网连接。

（3）接地网电阻应低于1Ω（主要设备应低于0.5Ω）。

（4）避雷器的接地应连接到专用的接地井上，接线应保持垂直，减少弯曲且长度最短。

（5）系统中性点应使用足够直径的接地导线接地，确保接地导线不会因预期的接地故障电流而熔化、中断接地连续性。对于高压系统设备，建议两点接地。接地线故障时，所达到的温度应至少比导体材料的熔化温度低25%。

（6）设备接地导线的直径应满足最大接地故障电流的要求，且不应在最大故障电流情况下熔化，以免失去接地连接的完整性。所有主要设备应在两点接地，每个点上的导线额定电流为全接地最大电流，接地导线易受损坏的连接处应采用机械保护。

十五、动力箱单线图

（1）配电盘短路电流水平应正确计算，不应假设故障短路电流等级。断路器短路电流等级应满足系统要求，安全余量至少为10%。进线断路器额定短路容量可以选择与上游馈电开关相同。在短路额定值高的地方，增加进线电缆长度可以大大降低短路电流故障。

（2）爆炸危险场所应断开断路器中性点。

（3）配电箱经常检修带电导体，防护等级需满足现场要求，避免接触带电导体。

十六、开关设备单线图

（1）开关柜的短路额定值应符合短路计算及系统建议。

（2）峰值短路电流额定值应与短路计算一致。

（3）母线额定值应根据最恶劣情况下变压器的最大电流确定，安全余量为10%。

（4）进线电缆/母线的设计应满足上述（3）中规定的最小电流要求，并具有10%的最小设计余量。

① 当设计温度高于40℃时，每升高5℃，断路器容量折减10%；

② 断路器的切断电流应小于3A，防止操作过电压。

十七、中压电动机保护单线图

（1）额定功率为1MW及以上的电动机应至少配置以下保护：

① 瞬时过电流（50）；

② 反时限电流（51）；

③ 热过载（49）；

④ 转子堵转（51R）；

⑤ 不平衡载荷（46）；

⑥ 低电压（27）；

⑦ 瞬时敏感接地故障（50G）；

⑧ 定时限接地（50/2）；

⑨ 差动（87）；

⑩ 启动抑制（频繁启动）（66）；

⑪ 定子温度（RTD）；

⑫ 轴承温度（RTD）；

⑬ 轴承振动。

（2）额定功率为1MW的电动机应至少具有下列保护装置：

① 瞬时过流（50）；

② 反时限过流（51）；

③ 热过载（49）；

④ 转子堵转（51R）；

⑤ 不平衡载荷（46）；

⑥ 低电压（27）；

⑦ 瞬时敏感接地故障（50G）；

⑧ 定时限接地故障（50/2）；

⑨ 定子温度（RTD）；

⑩ 轴承温度（RTD）（额定功率为 500kW 及以上的电动机）；

⑪ 轴承振动（额定功率为 500kW 及以上的电动机及立式电动机）。

十八、低压配电变压器保护单线图

（1）低压配电变压器的高压侧应至少设有以下保护：

① 瞬时 / 反时限过流（50/51）；

② 瞬时电流接地故障（50G）；

③ 定时限及反时限接地故障（50/2，51G）；

④ 后备接地故障（额定容量为 500kV · A 以上的变压器）；

⑤ 热过载（49）（额定容量为 2000kV · A 及以上的变压器）；

⑥ 变压器差动保护（87）（额定容量为 2000kV · A 及以上的变压器）；

⑦ 限制接地故障（64REF）（额定容量为 2500kV · A 及以上的变压器）；

⑧ 绕组温度跳闸（额定容量为 1000kV · A 以上的变压器）；

⑨ 绕组温度报警（额定容量为 1000kV · A 以上的变压器）；

⑩ 油温跳闸（额定容量为 1000kV · A 以上的变压器）；

⑪ 油温报警（额定容量为 1000kV · A 以上的变压器）；

⑫ 泄压阀动作跳闸；

⑬ 瓦斯报警和跳闸；

⑭ 油压高脱扣；

⑮ 油位低报警（额定容量为 1000kV · A 以上的变压器）。

（2）对于不能提供额外延时的保护装置（如泄压装置、瓦斯保护），不应有任何进一步的延时，变压器应动作于立即跳闸。

十九、电力变压器保护单线图

（1）变压器高压侧应至少设有以下保护：

①瞬时过电流（50）；

②反时限过电流（51）；

③瞬时接地故障（50N）；

④反时限接地故障（51N）；

⑤后备接地故障；

⑥热过载（49）；

⑦变压器差动（87）；

⑧限制接地故障（64REF）；

⑨过电压（59）只适用于与公共电网连接的变压器；

⑩过励磁（24）仅适用于与公共电网连接的变压器；

⑪绕组温度跳闸；

⑫绕组温度报警；

⑬油温跳闸；

⑭油温报警；

⑮泄压阀动作跳闸；

⑯瓦斯报警和跳闸；

⑰油位低低报警；

⑱主油箱压力高跳闸；

⑲OLTC 油浪涌保护；

⑳OLTC 油压高保护（额定容量为 25MV·A 及以上的变压器）；

㉑OLTC 减压阀保护。

（2）对于不能提供额外延时的保护装置（如泄压装置、瓦斯保护），不应有任何进一步的延时，变压器应动作于立即跳闸。

二十、低压柴油发电机保护装置

低压柴油发电机应至少设有以下保护：

（1）额定功率为 500kW 及以上的发电机过电压（59）。

（2）额定功率为 500kW 及以上的发电机超频（81）。

（3）额定功率为 1MW 以上发电机的励磁绕组绝缘故障（64R）。

（4）额定功率为 1MW 及以上的发电机差动保护（87）。

（5）不平衡载荷（46）。

（6）热保护（49）。

（7）额定功率为 1MW 及以上发电机的电压限制电流保护（51V）。

（8）额定功率为 1MW 及以上发电机的励磁故障（41）。

（9）额定功率为 500kW 及以上发电机的逆功率保护（32）。

（10）额定功率小于 1MW 的发电机的相电流保护（51）。

（11）接地故障（51N）。

二十一、中压开关柜进线、母线和电缆馈线保护

（1）进线开关应至少设有以下保护：

① 反时限电流保护（51）；

② 定时限电流保护（50）；

③ 反时限接地故障（51N 或 51G）；

④ 定时限接地故障（50G 或 50G）；

⑤ 延时低电压 UV（27）。

（2）母线应至少设有以下保护：

① 反时限电流保护（51）；

② 定时限电流保护（50）；

③ 反时限接地故障（51N）；

④ 定时限接地故障（50N）；

⑤ 延时低电压 UV（27）。

（3）电缆馈线应至少设有以下保护：

① 反时限电流保护（51）；

② 定时限电流保护（50）；

③ 反时限接地故障（51N 或 51G）；

④ 定时限接地故障（50N 或 50G）；

⑤ 延时低电压 UV（27）。

二十二、低压开关柜进线、母线和电缆馈线保护

（1）进线开关应至少设有以下保护：

① 反时限电流保护（51）；

② 定时限电流保护（50）；

③ 反时限接地故障（51N）；

④ 定时限接地故障（50N）；

⑤ 延时低电压 UV（27）。

（2）母线应至少设有以下保护：

① 反时限电流保护（51）；

② 定时限电流保护（50）；

③ 反时限接地故障（51N）；

④ 定时限接地故障（50N）；

⑤ 延时低电压 UV（27）。

（3）电缆馈线应至少设有以下保护：

① 反时限电流保护（51）；

② 定时限电流保护（50）；

③ 反时限接地故障（51N）；

④ 定时限接地故障（50N）。

第四节　ESTOS 评审指南

ESTOS 评审应将重点放在设备运行、操作及维护的安全方面，包括电气设备在故障期间因电位上升而引起的电击、与带电回路的接触、设备可能发生的机械故障，以及与之相关的安全风险，例如爆炸和火灾危险。必须指出的是，虽然设计可以解决不足之处，然而过度设计以 100% 的补救措施避免故障是不经济的，设备故障也可能是由制造缺陷、原材料质量和设备在安装和后续操作中造成的，因此不可能完全避免故障。

一、变压器

变压器在很多方面都存在风险，主要有：

（1）变压器内部出现故障时释放大量能量，使得变压器油热膨胀，也可能产生电弧和瓦斯气体，导致内部压力突然升高。为应对这种情况，变压器主油箱应配备泄压阀，严重故障情况下，泄压阀将动作并将变压器油释放到外部以降低压力。设计过程中应注意根据变压器油量和运行可靠性，考虑是否提供两个泄压阀。设计过程中应要求制造商提供主油箱容量及泄压阀的计算，以在压力快速上升时控制变压器油箱的安全裕度。以上技术要求应该包含在变压器的技术规范中。

当安全阀动作时，变压器应无任何时间延迟，立即切断电源，因此建议通过将安全阀动作直接联锁到断路器跳闸，避免任何预期或意外保护动作延迟。

泄压阀故障或延迟跳闸可能导致变压器油箱壁爆炸，导致热油飞溅，在爆炸过程中可能对变压器附近的人员造成危险。

（2）在上述情况下，变压器有可能在发生严重故障和（或）断路器延迟跳闸时发生火灾。在这种情况下，变压器油和瓦斯气体的混合物将直接引起火灾，火灾可能会吞没整个变压器区域，并蔓延到邻近的设备和建筑物。针对变压器的火灾蔓延应采取适当的防火设计。通常采用的设计是在并排安装的变压器之间设置防火墙，并使建筑物的墙壁具有防火性能。采取的保护取决于变压器与建筑物和相邻变压器（包括变压器所使用的油量）安装的距离。设计时应遵循 NFPA 850《发电厂及变电站消防》的要求。

（3）由于变压器发生火灾的可能性较大，除了采用了以上各类防护措施，还可以采用设计变压器喷淋装置抑制火灾。

（4）变压器的 OLTC 部分需要安装一个泄压阀和油压保护继电器（至少应该安装两个保护装置）。

（5）对于有可能由于远端故障电流返回而使接地电位上升的变压器，接地电网的设计应足以将接触电势和跨步电压限制在可容许的范围内。变压器区域内应该强调铺砾石层的必要性。

二、开关柜

开关柜有许多与之相关的电气危险，开关柜内的大多数电气故障都是非永久性的，经常导致电弧。电弧热量产生气体膨胀，增大了箱体内部的压力，一旦箱体发生故障，电弧产生的热就会扩散，对附近人员造成严重的伤害。以下是开关柜中可能的风险危害：

（1）开关柜弧光保护值应规定为与开关柜额定故障值相等，且至少等于主保护清除故障的时间，弧光保护建议的持续时间为 0.5s。设计中应通过电弧闪络研究来评估开关设备的电弧能量水平，并根据 NFPA 70E《工作场所的电气安全标准》的建议，针对所有可能导致或预期会导致电弧故障的相关操作采取人身防护措施。

（2）开关柜应配置闭锁装置，以防止在断路器合位移动断路器（插槽进 / 出），误操作会导致弧光闪络。

（3）开关柜接地开关与断路器之间应设有闭锁装置，使主开关分闸且处于隔离位置后才能合接地开关。

（4）在接线可能的情况下，上游馈电断路器接地开关和开关柜进线接地开关应联锁，以便上游接地开关只有在下游主开关打开后才能合闸，上游主开关只有在下游接地开关打开后才能合闸。

（5）母线接地应做闭锁，只有当进线、母线和出线馈线断路器都打开时，母线接地开关才能合闸。

（6）只有在断路器门关闭的情况下，断路器才能摇进摇出。

（7）开关柜应具备防护罩，根据 IEC 60364-4-41《低压电气装置　安全防护　电击防护》的规定，开关柜外壳应具有至少 IP2X 或更高的防护等级，以便于保护带电检修。

（8）如果进线或母线断路器因故障跳闸，则应禁止 AUTO TRANSFER SWITCH（ATS）切换。

（9）开关柜操作危险标识注意事项如下：

① 所有开关柜的电缆室门都应有“注意：在打开本盖之前断开进线电源从 ×× 柜 ×× 回路”。

② 所有馈线都应有“警告：高压”警告标签。

③ 带有双进线的隔间应该配置“注意：双进线，在打开本盖之前断开进线电源从 ×× 柜 ×× 回路，断开进线电源从 ×× 柜 ×× 回路”。

（10）断路器和启动装置隔离开关应配置挂锁装置。在使用期间不应该有任何锁定，否则违反紧急隔离规定。

（11）开关柜的抽屉有联锁装置，以防止插入的抽屉与原设计回路不一致。也就是说，每一个抽屉都应该是唯一的，不能互换。此类规定可以解决以下两个安全相关问题：

① 如果与额定值不足的断路器更换，将导致断路器故障。如果在额定满载电流、短路额定值等方面不足，断路器将无法承受所需的负载 / 短路电流，这将导致部件故障，并可能发生爆炸和火灾。

② 如果更换到额定值高于实际的断路器，则断路器的额定值高于连接负载和电缆载流量，将无法保护包括电缆在内的负载，这就是直接产生故障的潜在原因。通常在没有检查断路器 / 启动器额定值的情况下，启动器和断路器就被交换，甚至在某些情况下，更换的断路器的定值范围本身并不适合所连接的负载（通常断路器的最小值远远超过保护设备额定值），这些可能的操作失误都直接导致事故，设计过程中必须加以避免。

（12）开关柜前应设置电气绝缘胶垫作为操作人员的人身防护。

（13）配电室应配有急救图和电击受害者的急救程序。

三、电动机

通常来讲，电动机不会造成太多不安全的情况，但应注意以下情况：

（1）电动机保护应根据实际驱动设备负载设置，而不是根据电动机满载电流设置，这样也可以检测驱动设备的异常情况，防止损坏。电动机过负荷和过电流保护应设置合理的安全系数。在驱动设备发生机械故障的情况下，过大的安全系数会造成危险。

（2）电动机应安装防护罩以防止旋转部件飞出。

（3）电动机外壳应接地。

（4）电动机应适合其安装区域的爆炸危险区域分区。

四、照明和小功率配电

照明和小功率配电应遵循以下安全操作规程：

（1）小型电源出口断路器应配置接地漏电保护，在 30mA，0.04s 内清除故障以保证人身安全。

（2）照明线路总进线应根据系统漏电计算，可以采用 100～300mA 接地漏电断路器保护，防止漏电引起火灾。

（3）插座应配置联锁开关，只有在开关关闭时才能插拔。

（4）配电 PE 导线的尺寸应符合 IEC 60364-4-41《低压电气装置　安全防护　电击防护》中的规定。

五、电缆

电缆火灾事故经常给人员、材料和设备造成巨大损失，电缆设计中应遵循以下准则：

（1）电缆设计应考虑由于环境温度降额影响、分组因素（电缆在一个电缆桥架的数量）、电缆桥架的层数、安装方式（在空气中、埋管道等）、类型和安装方法（三芯、单芯，三角形排列或水平排列等）、屏蔽层的环流（屏蔽层两端接地），以上原则应遵循 IEC 60364《低压电气装置》及 IEC 60502《额定电压 1～30kV 挤压绝缘电力电缆及其附件》中规定的准则。

（2）电缆在大多数情况下是通过对所连接的负载提供过载保护来保护的，由于电缆的额定电流通常高于负载电流，所以电缆是自身安全保护的。但如果负载和电缆尺寸不匹配，电缆可能产生故障，这是大多数电缆故障的主要原因。过载保护应确保其工作电流绝对小于或等于 IEC 60364-4-43《低压电气装置　安全防护　过电流保护》规定的电缆连续载流能力的 1.45 倍。由于熔断器的额定值成标准系列，所以除了少数情况外，它们的额定值将远远低于电缆的额定值。此外，熔断器选择必须满足峰值需求，如最大的电动机启动。由于这些原因，有可能电缆在特定时间不受保护，因此应谨慎选择熔断器。

（3）电缆应在进入开关柜的入口点和过渡点做防火保护。

（4）电缆应在制造商推荐的允许弯曲半径大 10% 的范围内安装。

六、接地

（1）接地在电气系统中起着重要的作用，接地可分为四种类型：

① 系统中性接地。

② 设备外壳接地（电气设备正常不带电的可导电金属部分）。

③ IEC 定义的外部可导电部件（不构成电气设备的可导电部件）。

④ 接地网。

（2）主要设施的接地设计值应小于 1Ω（最好小于 0.5Ω）。

（3）接触电势及跨步电压应在 IEEE 80《变电站接地安全指南》规定的允许范围内。

（4）围栏接地的地网应延伸到围栏以外，并应至少每隔 25m 与地网充分接地。

（5）围栏的接触电位通常是一个值得设计关注的领域，因为通常正常设计不能确保安全底限。设计应具有足够的措施（在周边增加接地极或遵循不等间距设计），以达到安全限制。

（6）应考虑在开关场内（如隔离器和接地开关操作位置、就地控制盘等）使用就地接地井，用来避免此时由于故障设备间产生电势差引起操作人员的危险。就地接地井和设备，包括面板和操作手柄，都应做可靠等电位连接，然后连接到接地电网，以消除电势差。

（7）系统中性点应使用机械坚固的导体接地，否则应使用具有足够强度的钢管进行保护，以防止可能的机械损坏。

（8）避雷器应直接从避雷器上以最短路径与地连接，而不应做任何增加电感的回路接地。

（9）所有主要设备（中压及以上）外壳均应在对称的两点上接地。

（10）接地导线应足以承受额定的故障电流而不熔化和失去接地完整性。对于接地线熔融温度的确定，应遵循至少 25% 的安全余量。

（11）设备、外壳和主要结构的所有外露的非导电金属部件都应接地。

（12）保护导线的最小尺寸应符合 IEC 60364-4-41《低压电气装置　安全防护　电击防护》的规定。

七、AIS 设备布置

（1）AIS 设备布置应考虑以下因素：

① 设备更换的维护。

② 为确保人身安全，通常要考虑带电部分有足够的安全间距，并考虑到施工、改装、维护、车辆及行人通道的需要。安全间距应在 AIS 的剖面图上清楚地标明尺寸，包括沿轴线的尺寸和垂直于轴线的尺寸。图纸应同时显示根据建议值的间距和实际间距。AIS 最小安全间距见表 1-3。

表 1–3　AIS 最小安全间距

空气中最小电气间隙（1kV < U_m ≤ 245kV）				
最高电压	额定短时工频耐受电压	额定雷电冲击耐受电压[①]	相—相与相—地最小电气间隙 N	
U_m （有效值）	U_d （有效值）	U_p 1.2/50 μs（峰值）	户内安装	户外安装
kV	kV	kV	mm	mm
3.6	10	20 40	60 60	120 120
7.2	20	40 60	60 90	120 120
12	28	60 75 95	90 120 160	150 150 160
17.5	38	75 95	120 160	160 160
24	50	95 125 145	160 220 270	
36	70	145 170	270 320	
52	95	250	480	
72.5	140	325	630	
123	185[②] 230	450[②] 550	900 1100	
145	185[②] 230 275	450[②] 550 650	900 1100 1300	
170	230[②] 275 325	550[②] 650 750	1100 1300 1500	
245	275[②] 325[②] 360 395 460	650[②] 750[②] 850 950 1050	1300 1500 1700 1900 2100	

① 额定雷电冲击耐受电压适用于相—相与相—地；

② 如果这些值被认为不足以证明能够满足所需的相—相耐受电压，需要做额外的相—相耐受电压测试。

（2）IEEE 1427 规定的安全距离，供海外电气工程项目参考，所列电压等级为海外油气田地面工程常用电压等级，具体见表 1-4。

表 1-4　IEEC 1427 规定的安全距离

基于雷电冲击条件下的最小电气间隙推荐值①,②			
系统最高电压	基本绝缘水平（BIL）③	最小相—地电气间隙④,⑥	最小相—相电气间隙④,⑤,⑥
kV（有效值）	kV（峰值）	mm	mm
1.2	30 45	57 86	63 95
5	60 75	115 145	125 155
15	95 110	180 210	200 230
26.2	150	285	315
36.2	200	380	420
48.3	250	475	525
72.5	250 350	475 665	525 730
121	350 450 550	665 855 1045	730 940 1150
145	350 450 550 650	665 855 1045 1235	730 940 1150 1360
169	550 650 750	1045 1235 1325	1150 1360 1570
242	650 750 825 900 975 1050	1235 1425 1570 1710 1855 2000	1360 1570 1725 1880 2040 2200

① 该表间隙值基于 605kV/m 的闪络梯度，其他情况可参考 IEEE 1427；
② 操作冲击一般在系统电压高于 242kV 时考虑，具体可参考 IEEE 1427；
③ 除了 1.2 kV 和 5kV 系统电压及 30 kV, 45 kV, 60 kV, 75 kV 的 BIL，该表所列系统最高电压和 BIL 均摘自 IEEE 1313-1：1996 的表 1 和表 2；
④ 对于特定的设备电气间隙，参见相应的设备规范；
⑤ 本表中相—相电气间隙为 metal-to-metal 的电气间隙，不是母线中心线之间的距离；
⑥ 安全间隙必须在根据 IEEE 1427 进行单独评估。

（3）图纸应明确地标明接地网区域、围栏位置和围栏接地。

八、电池

对于电池的一般安全隐患，应解决以下安全相关问题：

（1）能量阈值。除非实施适当的控制，否则能量水平不得超过以下所列：

① 交流：50V 和 5mA；

② 直流：100V。

（2）电池风险评估。在对电池系统进行任何工作之前，应进行风险评估，以确定化学、电击和电弧闪光的危害，并评估与所执行项目类型相关的风险。

（3）电池室或电池间要求：

① 人员接近通电的电池：每个电池室或电池间只能由授权人员进入。

② 照明：除非提供的照明使员工能够安全工作，否则员工不得进入装有电池的空间。

（4）电池状态异常。应有控制仪表对电池运行异常情况早期预警，每年进行测试。

九、接触带电部件

根据 IEC 60364-4-41《低压电气装置　安全防护　电击防护》，电气系统和设备中暴露的带电部件应采用下列方法之一防止直接接触：

（1）屏障 / 外壳提供至少 IP2X 防护等级。

（2）带电部件应完全覆盖绝缘材料，只有通过破坏才能将其拆除。

（3）提供物理防护。

（4）布置在正常触及不到的地方。

（5）剩余电流保护装置。

如果电气设备带电时需要对暴露在外的带电部分进行检查，则应提供至少螺栓固定的两层隔离装置，以防止直接接触。只有使用特殊工具才能消除这些隔离装置。

避雷器应提供放电计数器，连接电缆应正常，应避免人为接触，计数器应安装在地面上正常可读数高度。

第五节　典型的 ESLOR 报告

一、初步设计评审和详细设计评审

ELSOR 评审分初步设计和详细设计两阶段进行。由于 ELSOR 评审涵盖了广泛的审查问题，而工程设计并不是一次性完成的，所以每个阶段的适用点也会有所不同。一般可采用下列准则来选择初步设计和详细设计的审查要点。

1. 初步设计评审

在初步设计中，电气系统设计将定稿，短路故障等级也将选定。因此，在初步设计阶段应评审与设计有关的以下各点：

（1）设备容量计算；

（2）故障研究、潮流计算、电动机启动计算、谐波分析；

（3）设备布置；

（4）基于冗余的可靠性分析；

（5）设计基础；

（6）技术规格书。

2. 详细设计评审

详细设计评审应包括初步设计评审未涵盖的所有其他要点，包括但不限于：

（1）接地和防雷设计；

（2）单线图保护配置；

（3）保护定值；

（4）数据表；

（5）设备容量（额定值发生变化的情况下）；

（6）计算书；

（7）电缆敷设等。

二、ELSOR 报告内容

典型 ELSOR 报告的内容应当包括以下几个部分，整体报告需系统化，易于理解：

（1）项目介绍。

（2）缩写词和定义列表。

（3）ELSOR 可操作性审查：

① ELSOR 目标；

② 审查的范围；

③ 方法。

（4）ELSOR 评审过程：

① ESSID 问题；

② ESTOS 问题。

（5）结论。

（6）参考文献。

（7）附录：

①参与者的名单及角色；

② ESSIS 工作表和 ESTOS 工作表。

三、典型的 ELSOR 工作表

1. 典型的 ESSID 工作表

表 1–5 给出了一个典型的 ESSID 工作表示例。工作表应针对系统中已标识和列出的每个部分以供评审。在一个系统内，每台设备都应至少使用 ESSID 评审指南中列出的指导词进行评审。评审小组可根据评审文件的适当性和相关性，增加额外的评审内容及审查点。

表 1–5　典型的 ESSID 工作表示例

编号	文档	设备	设计方面	审查点	问题	建议	执行方	备注
1	11kV 进线保护配置图	变压器	51 反时限	设定值	定值设置太低，在 105% 无法满足短时间重载启动条件	建议 125%		设置要更新，要重新检查
2	开关柜布置	盘柜	后部维护通道	确保维修通道宽度	900mm 后方通道是否足够	不适用		最小处 900mm 能够满足要求

2. 典型的 ESTOS 工作表

表 1–6 给出了一个典型的 ESTOS 工作表示例。工作表应针对系统中已标识和列出的每个部分编制，以供评审。在一个部件内，每台设备应使用 ESSID 评审指南中列出的最低限度的指导词进行评审。评审小组可根据评审文件的适当性和相关性，增加额外的评审内容和审查点。

表 1–6　典型的 ESTOS 工作表示例

编号	文档	设备	设计方面	审查点	问题	建议	执行方	备注
1	变压器技术规格书	变压器	火灾 / 爆炸	压力防护	OLTC 没有提供压力安全阀	应该提供足够容量的安全阀		
2	开关柜技术规格书	开关断路器	评级	可交换性	未指定	只有在相同额定值的断路器及启动器模块类型之间才应规定互换性		

本书列出了某海外油田地面工程典型电气图纸及设备的 ESSID 工作表和 ESTOS 工作表，见附录。

第二章

海外油田地面工程变配电设计安全分析

海外油田一般地处偏僻地区，无社会条件依托，海外油田地面工程变配电设计安全尤为重要，只有做到设计本质安全才能够保障投产、运行的安全性。海外油田地面工程变配电设计与国内设计的不同之处主要在于海外项目工程设计主要是基于招标文件的技术要求及技术规定，国内设计有很多设计安全规范强制条文与国标图集典型做法作为依据，而海外工程设计安全方面的依据、规定比较分散，查找比较困难，实际执行中有可能被设计者遗漏或忽略，从而造成一些设计上的安全隐患。为了消除这些隐患，结合国内外项目建设经验，基于国标变配电安全设计技术要求，对比国际通用标准和国际知名能源公司关于变配电设计技术规定，对海外油田地面工程变配电设计中需要注意的一些安全要点进行分析与总结，力求做到简洁明了，供海外油田地面工程变配电安全设计参考。

海外油田地面工程设计中，与设计安全相关的内容主要有负荷分级与负荷计算、短路电流计算、系统接线、过电压保护、电气安全及防火距离、电气五防及相色标识等。负荷分级与负荷计算直接涉及业主对系统是否认可及设备容量是否满足安全可靠生产需求。短路电流计算结果直接影响设备耐受值选择及继电保护整定，对系统和设备的安全运行有直接关系。由于国内外中压配电系统的接地方式不同，国内典型的避雷器参数不一定能够满足国外项目要求，因此需要详细了解避雷器参数的选择，保证设备安全运行。关于户外配电装置安全距离的国外标准与国内规范还是存在一些差异，尤其是变压器防火间距，需要在海外项目中熟练掌握，避免按国内的标准设计无法满足国外规范的安全距离要求。相色标识直接影响到操作安全，本书将国内外在油田地面工程中常用的标准相关技术要求罗列出来，供设计参考。

关于油田地面工程变配电系统设计过程中，国内标准均有明确规定的设备选择、系统计算等本书中均未提及，仅将海外工程中经常遇到的技术争执部分的相关重点画龙点睛进行说明，供同行参考；对于一些油田地面工程变配电系统设计经常碰到的涉及安全的技术问题，国际标准无相应规定但是国内标准有规定的，这里也列出供设计参考。

第一节 负荷分级

一、国家标准负荷分级

GB 50052《供配电系统设计规范》规定，电力负荷应根据站场在油田生产过程中的重要程度、规模、用电负荷容量及中断供电后对人身安全、经济上造成的损失和影响等因素综合考虑确定，并应符合下列规定：

（1）符合下列情况之一时，应视为一级负荷。

① 中断供电将造成人身伤害时；

② 中断供电将在经济上造成重大损失时。

（2）在一级负荷中，当中断供电将造成人员伤亡或重大设备损坏或发生中毒、爆炸和火灾等情况的负荷，以及特别重要场所的不允许中断供电的负荷，应视为一级负荷中特别重要的负荷。

（3）中断供电将在经济上造成较大损失时，应视为二级负荷。

（4）不属于一级和二级负荷者应为三级负荷。

二、海外油田生产设施负荷分级

针对海外油田生产设施的重要程度，负荷通常可以根据 GB 50350《油田油气集输设计规范》分成一级、二级、三级。

（1）一级负荷（以站、场为单位）举例如下：

油田：处理能力大于或等于 30×10^4 t/a 的油气集中处理站、矿场油库（管输）、轻烃储库等。

管道：原油长输管道首站、末站、减压站和压力不可越站的中间热泵站，采用电力作输气动力，以及采用其他动力驱动，但是对供电可靠性要求特别高的压气站。

输油、输气站场及远控线路截断阀室的自动化控制系统、通信系统，输油、输气站场的紧急切断阀及事故照明应为一级负荷中特别重要的负荷。

（2）二级负荷（以站、场为单位）举例如下：

油田：处理能力小于 30×10^4t/a 的油气集中处理站、矿场油库（铁路外运）、原油稳定站、接转站、注水泵采用 10（6）kV 电动机的注水站、污水处理站、原油脱水站、增压集气站、注气站、机械采油井排等。

管道：输油站中可以压力越站的中间热泵站、加热站等。

（3）三级负荷举例如下：

自喷油井和气井、边远孤立的机械采油井、边远支线输气站、分井计量站、配水间、独立阴极保护站等。

详细油田站场负荷分级可参见中国石油天然气集团公司统编培训教材《工程建设业务分册—油气田地面工程电气设计》中对各级站场的负荷分级定义。

油田负荷分级是后续供配电的基础，海外油田地面工程设计中负荷分级参照国内标准执行，针对不同的负荷分级采用何种供配电方式在后面章节中有详细描述。

需要注意的是，国际项目中并没有明显等同于国内油田负荷分级的标准，油田各站场除站外单井采用环路供电外，其他站场基本至少采用双回路供电。海外油田项目规划需要综合评价供电稳定性及停电所造成的影响来考虑何种供电方式。

三、国际标准负荷分级

国际标准中针对负荷分级仅划分为连续负荷、间歇负荷、备用负荷及应急负荷，与国内三级负荷等级划分并不对应。针对不同的生产装置，海外项目综合费用及生产设施采用双电源、双回路及专用回路供电均有实例，并不完全与国内强制工程条例一致。

国际电工委员会标准 IEC 60364-1《低压电气装置　基本原则、一般特性评价和定义》对自动电源切换的规定中，对于负荷供电连续性有以下相关原文规定：

An automatic supply is classified as follows according to change-over time（自动电源按切换时间分为以下几类）：

——No-Break：an automatic supply which can ensure a continuous supply within specified conditions during the period of transition，for example as regards variations in voltage and frequency（不间断：一种自动切换电源装置，可确保在过渡期间在规定的电压和频率变化范围内连续供电）；

——Very Short Break：an automatic supply available within 0.15s（非常短的中断：0.15s 内自动供电）；

——Short Break：an automatic supply available within 0.5s（短中断：0.5s 内自动供电）；

——Medium Break：an automatic supply available within 15s（中断：15s 内自动供电）；

——Long Break：an automatic supply available in more than 15s（长时间中断：自动供电超过 15s）。

从实际工程经验来看，国际标准对于系统的设计注重经济性和可靠性的统一，针对不同的工程项目有不同的要求，目前无规定强制进行负荷分级。国际标准中仅针对低压负荷，IEC 60364-1 基于切换时间的要求对自动切换提出了分级要求，将自动切换分为了五级。

在国际项目对自动切换装置进行招标时，切换时间的要求可以参考 IEC 60364《低压电气装置》的五类划分；低压系统 ATS 的切换时间依据 IEC 标准，则默认的标准时间根据对中断时间的定义应该是 0.15s、0.5s 等。

国内电力系统行业标准 DL/T 5136《火力发电厂、变电站二次接线设计技术规程》对快切的定义为 0.1s，与 IEC 的规定并不完全一致。快切在国内多用于火力发电厂重要场所双电源相互投切，0.1s 的切换时间基本能满足相关设备技术要求。

第二节 负荷计算

一、海外油田常规负荷计算方法

《工业及民用配电设计手册》针对负荷有明确的计算方法，例如需用系数法、利用系数法、单位功率法等，本书不再赘述。国外的负荷计算中考虑了设备的负荷系数、负荷的连续性等，是进行综合计算。

通常海外油田设计项目中将电力负荷按照持续运行负荷、间断运行负荷和备用负荷三种类型进行计算和列表，以便确定最大正常运行负荷、峰值负荷及应急发电机的最小容量。

负荷计算相关公式如下：

$$负荷系数=\frac{轴功率（kW）}{电动机额定功率（kW）} \tag{2-1}$$

$$有功功率\ P=\frac{轴功率（kW）}{电动机效率（kW）} \tag{2-2}$$

$$无功功率\ Q=有功功率（kW）\times \tan\phi（kvar） \tag{2-3}$$

$$视在功率\ S（kV\cdot A）=\sqrt{有功功率（kW）^2+无功功率（kvar）^2} \tag{2-4}$$

$$最大运行有功功率（kW）=\sum 连续负荷（kW）+0.3\sum 间断负荷（kW）或最大单台间断负荷（kW）（取两者最大者） \tag{2-5}$$

$$最大运行无功功率（kvar）=\sum 连续负荷（kvar）+0.3\sum 间断负荷（kvar）或最大单台间断负荷（kvar）（取两者最大者） \tag{2-6}$$

$$最大运行视在功率（kV\cdot A）=\sqrt{最大运行有功功率（kW）^2+最大运行无功功率（kvar）^2} \tag{2-7}$$

$$峰值有功功率（kW）=\sum 连续负荷（kW）+0.3\sum 间断负荷（kW）或最大单台间断负荷（kW）（取两者最大者）+0.1\sum 备用负荷（kW）或最大单台备用负荷（kW）（取两者最大者） \tag{2-8}$$

$$峰值无功功率（kvar）=\sum 连续负荷（kvar）+0.3\sum 间断负荷（kvar）或最大单台间断负荷（kvar）（取两者最大者）+0.1\sum 备用负荷（kvar）或最大单台备用负荷（kvar）（取两者最大者） \tag{2-9}$$

$$峰值视在功率=\sqrt{峰值有功功率（kW）^2+峰值无功功率（kvar）^2} \tag{2-10}$$

二、折减系数的选取

负荷清单根据工艺、设备、仪表等相关专业提供的负荷资料进行编制。工艺专业在油田设计规模中已经考虑了负荷波动系数，例如 100×10^4t 油田实际设备选择要求满足 120×10^4t 的波动条件。因此电气专业在选择负荷系数及同时系数时要与工艺专业结合，最终确定整个油田站场的计算负荷。根据油田生产运行经验，中心变电站同时系数可取 0.9，各个联合站终端变电站同时系数可取 0.9～0.93，站场各个不同装置区同时系数可取 0.93～0.95，站外单井根据实际运行条件及井数量，同时系数可取 0.6～0.7。总之，同时系数的选取是逐级考虑的，需要根据负荷特点及油气田生产运行的经验客观选取。

实际计算过程中，电动机设备应按最大利用率考虑。缺少电动机的有效信息时，电动机的负载系数、效率及功率因数可参考表 2-1 和表 2-2 设定。

表 2-1 常规电动机数据

容量，kW	效率	功率因数 $\cos\phi$
0.18	0.60	0.63
0.25	0.66	0.74
0.37	0.68	0.74
0.55	0.73	0.76
0.75	0.75	0.76
1.10	0.78	0.78
1.50	0.79	0.79
2.20	0.81	0.82
3.00	0.83	0.81

续表

容量，kW	效率	功率因数 $\cos\phi$
4.00	0.85	0.82
5.50	0.86	0.84
7.50	0.87	0.85
11.00	0.88	0.84
15.00	0.89	0.85
18.50	0.91	0.86
22	0.92	0.86
30	0.92	0.87
37	0.92	0.87
45	0.92	0.88
55	0.93	0.88
75	0.93	0.88
90	0.94	0.89
110	0.94	0.89
132	0.94	0.89
160	0.95	0.89
185	0.94	0.89
200	0.95	0.89
225	0.94	0.89
250	0.96	0.90
280	0.95	0.90
315	0.96	0.90
355	0.95	0.86
400	0.95	0.86
450	0.95	0.86
500	0.95	0.87
630	0.96	0.87
710	0.96	0.87

续表

容量，kW	效率	功率因数 cosφ
800	0.96	0.87
900	0.96	0.87
1000	0.96	0.87
1120	0.96	0.87
1250	0.96	0.88
1400	0.96	0.88
1600	0.97	0.88
1800	0.97	0.88

注：315kW 及以上电动机通常为高压电动机，采用 6（10）kV。

表 2–2　不同功率等级电动机参数

额定容量 p，kW	负载系数	效率	功率因数 cosφ
$p<15$	0.70	0.85	0.73
$15\leqslant p<45$	0.75	0.91	0.78
$45\leqslant p\leqslant 150$	0.83	0.93	0.82
$p>150$	0.85	0.95	0.91

当缺少非电动机负荷的有效信息时，非电动机负荷的效率和功率因数均按照表 2–3 设定。

表 2–3　典型设备参数

负荷类型	效率	功率因数 cosφ
橇装设备	0.91	0.95
电伴热及热水器	1.00	0.95
IGBT 控制的工业加热器	0.93	0.82
直流和交流 UPS	0.85	0.85
照明	0.90	0.90

关于连续、间断、备用负荷的负载系数，一般取值分别为 1.0、0.3、0.1。《油气化工工程师电气设计手册》（Handbook of Electrical Engineering for Practitioners in the Oil，Gas，& Petrochemical Industry）针对不同设计阶段，对三个系数的取值见表 2–4。

表 2-4 连续、间断、备用负荷的系数取值

项目类型	连续负荷系数	间断负荷系数	备用负荷系数
概念设计	1.0～1.1	0.5～0.6	0.0～0.1
基本设计	1.0～1.1	0.5～0.6	0.0～0.1
详细设计前段	1.0～1.1	0.5～0.6	0.0～0.1
详细设计后段	0.9～1.0	0.3～0.5	0.0～0.2
已有站场扩建	0.9～1.0	0.3～0.5	0.0～0.2

第三节 短路电流计算

电力系统短路电流是系统设计及设备选择的重要环节，按照国内设计手册的计算书一般难以直接获得国外工程师的认可，国际工程多使用 ETAP 或者 EDSA 软件计算。在工程应用中，如果短路电流计算结果偏于保守，有可能造成不必要的投资浪费；若偏于乐观，则将给系统的安全稳定运行埋下灾难性的隐患。本章不阐述短路电流的具体理论，仅简述工程中出现的计算标准差异及国内外不同的计算理念。

一、计算标准

国际上主要的短路电流标准有 IEC、ANSI/IEEE、Russian standards（GOST）、Chinese standards（GB）四种，最新 ETAP 短路计算有 IEC、ANSI 及 GOST 三种标准可选。国际工程最常用的是 IEC、ANSI/IEEE，主要参考规范有下面几种：

ANSI/IEEE Std C37.5 ™, IEEE Guide for Calculation of Fault Currents for Application of AC High-Voltage Circuit Breakers Rated on a Total Current Basis

IEC 60909，Short-circuit currents in three-phase a.c. systems

IEC 61363-1, Electrical installations of ships and mobile and fixed offshore units—Part 1: Procedures for calculating short-circuit currents in three-phase a.c.

IEEE Std 141 ™, IEEE Recommended Practice for Electric Power Distribution for Industrial Plants（IEEE Red Book ™）

IEEE Std 241 ™, IEEE Recommended Practice for Electric Power Systems in Commercial Buildings（IEEE Gray Book ™）

IEEE Std 242 ™, IEEE Recommended Practice for Protection and Coordination of Industrial and Commercial Power Systems（IEEE Buff Book ™）

IEEE Std 551 ™, IEEE Recommended Practice for Calculating AC Short-Circuit Currents in Industrial and Commercial Power Systems（IEEE Violet Book ™）

IEEE 3002-3，Recommended Practice for Conducting Short-Circuit Studies and Analysis of Industrial and Commercial Power Systems

ANSI and IEC 两套标准从设备建模到计算方法均不相同。ANSI 标准计算时，设备阻抗主要是基于设备制造商提供的数据，然后对这些设备阻抗考虑特定的偏差，以得到相对保守的短路电流，确保安全。IEC 标准计算时，同步机和变压器均考虑了校正系数，并以此作为系统的正常运行工况。

电动机建模：ANSI 与 IEC 的模型均为电压源与阻抗串联的形式，ANSI 模型中电动机阻抗使用堵转阻抗乘以一个因数表示，该因数考虑了电动机的运行工况、电动机馈线电缆和过载发热的影响，同时该因数受电动机的尺寸和转速的影响。ANSI 标准中，同步机的阻抗基于制造商提供的参数，使用 IEEE Std C37.013 计算发电机断路器（Generator Circuit Breaker，GCB）时，必须有同步发电动机的详细参数，包括超暂态电抗、暂态电抗、时间常数，以便计算交、直流分量及直流分量的衰减。IEC 标准中，同步发电动机及调相机的阻抗通过 K_G 调整，而 K_G 基于短路前的运行状况和电动机的励磁条件。如果一台发电机只是电站的一部分，需要使用一个与前述不同的调整系数，对于感应电动机，直接使用堵转阻抗，不考虑任何的调整系数。

变压器建模：ANSI 标准中，计算中变压器模型的阻抗使用制造商提供的阻抗值，当考虑可能存在的误差，而这些误差又无法通过现场测量得到时，阻抗偏差可能要加入计算模型中。IEC 标准中，变压器的阻抗通过 K_T 调整，而 K_T 基于短路前的运行状况，包括断路器的变压器分接头位置。

短路前电压：ANSI 标准短路计算的短路前电压使用最大运行电压，为 100%~105% 运行电压；ANSI 标准短路计算的短路前电压使用系数 C 乘以母线标称电压，C 最大可到 1.1。

除了短路前电压，在交流分量衰减、直流分量衰减、稳态短路电流、发电机（GCB）断路器评估、网络结构对短路计算的影响几个方面，ANSI 与 IEC 标准的计算也都有不同，具体可参见 IEEE 3002.3。

二、实际工程短路电流计算原则

短路计算时的接线方式，DL/T 5222《导体和电器选择设计技术规定》的规定如下：确定短路电流时，应按可能发生最大短路电流的正常运行方式，不应按在切换过程中可能并列运行的接线方式。

壳牌公司的 DEP 33.64.10.10《电气工程设计规格书》（Electrical Engineering Design）的要求为：设备和电缆的短路额定值，包括短路制造和相关的电路开关设备的分断能力应基于并列运行的接线方式。DEP 33.64.10.10 还规定，中压设备的短路容量选择应在计算结果基础上考虑 10% 裕量。

因此在实际海外油田项目中，短路电流计算不能简单按照国标的习惯执行，一定要严格遵循标书的技术规定，且具体采用 IEC 还是 IEEE，各类系数的选择均需要与业主技术部门商定后再执行，否则可能会直接影响后续的设备采购。

第四节　系统接线

海外油田地面工程电气主接线是系统设计的首要部分，也是构成电力系统的重要环节。主接线的确定对电力系统整体变电站本身运行的可靠性、灵活性和安全性密切相关，并且对电气设备选择、配电装置布置、继电保护和控制方式的拟定有较大影响。必须正确处理好各方面的关系，全面分析有关影响因素，通过技术经济比较，合理确定主接线方案。

国家标准中强制规定必须按照不同负荷等级确定相应的系统接线方式。

一、GB 50052 相关规定

GB 50052《供配电系统设计规范》强制性规定：

一级负荷应采用双重电源供电。两个电源宜引自不同的变电所或发电厂；当两个电源由同一变电所不同母线段分别引出，作为电源的变电所应具备至少两个电源线、两台主变压器，并分列运行。

对于一级负荷中特别重要的负荷，除由两个电源供电外，尚应增设应急电源，且不得将其他负荷接入应急供电系统。

二级负荷应采用两回线路供电。当无法采用两回线路供电，在工艺上设有停电安全措施或有应急电源时，可用一回专用架空线路或专用电缆供电。

二、GB 50049 相关规定

除了按负荷分级进行系统结构设计外，GB 50049《小型火力发电厂设计规范》针对特定设施按照负荷容量规定母线结构：

每段上的发电机容量为 12MW 及以下时，宜采用单母线或单母线分段接线。

每段上的发电机容量为 12MW 以上时，宜采用双母线或双母线分段接线。

三、API RP 540 相关规定

对于海外油田系统接线的设计过程，与 GB 50049 类似，依据负荷大小进行系统结

构设计的规范 API RP 540《石油站场的电气安装》（Electrical Installations in Petroleum Processing Plants），相关条文摘录如下：

小型站场（小于 10MW）经常采用单母线形式，如图 2–1 所示［Small stations（less than 10 MW）frequently have only a single main bus as show in Figure 2–1］。

独立建设的孤岛电站接线可采用单母线分段形式，如图 2–2 所示（Unit construction，illustrated in Figure 2–2，can be used in isolated power stations）。

商业电站通常采用同期母线接线方式，如图 2–3 所示（A synchronizing bus scheme，shown in simplified form in Figure 2–3，is often used for a power station bus）。

另外，在 API RP 540 中还给出了海外油田地面工程站外系统单井输电线路设计中，中东及北非两种在国内并不常见的接线方式，如图 2–4 和图 2–5 所示。

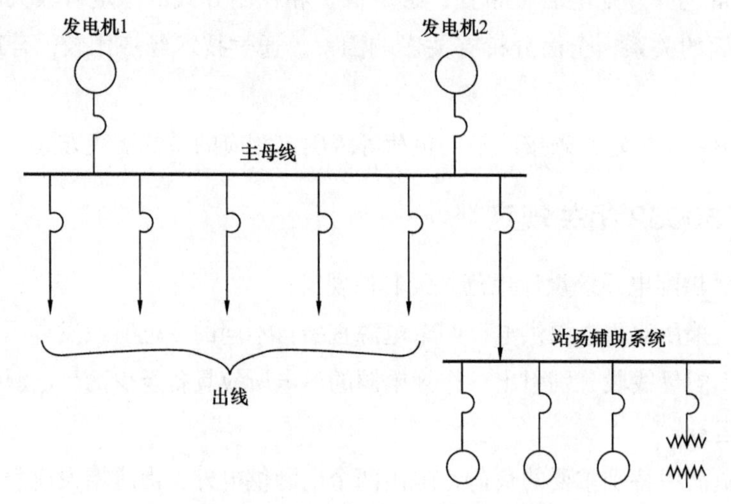

图 2–1　小型站场的单母线接线方式

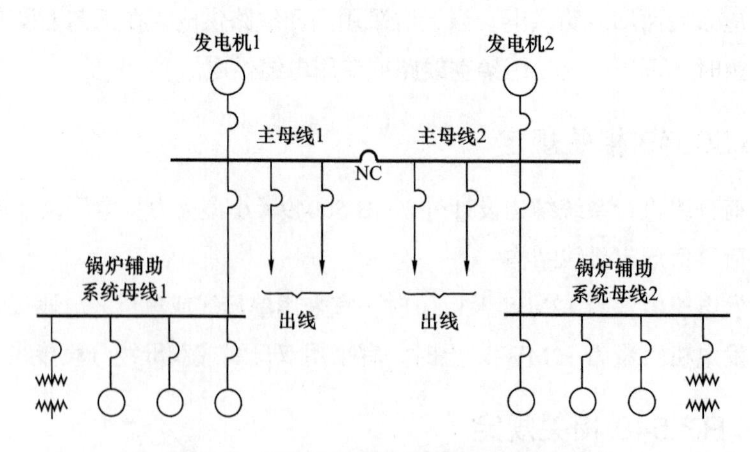

图 2–2　孤岛电站的单母线分段接线方式

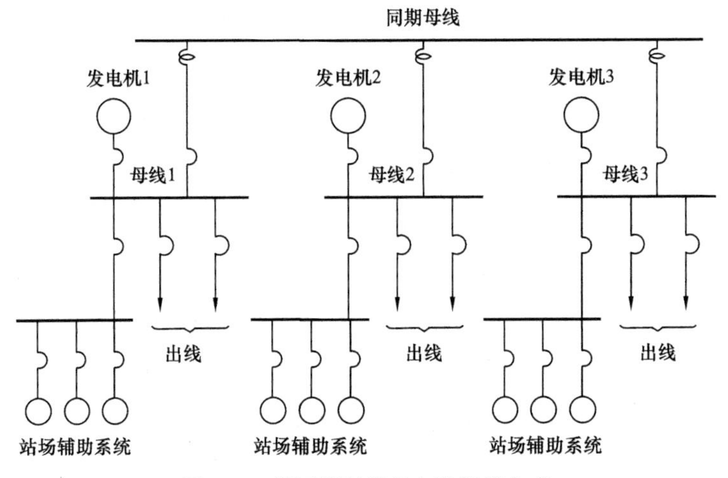

图 2–3　带同期母线的电站接线方式

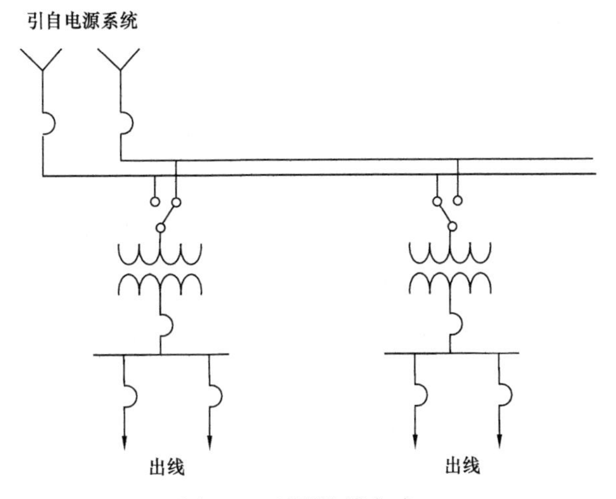

图 2–4　环形接线方式一

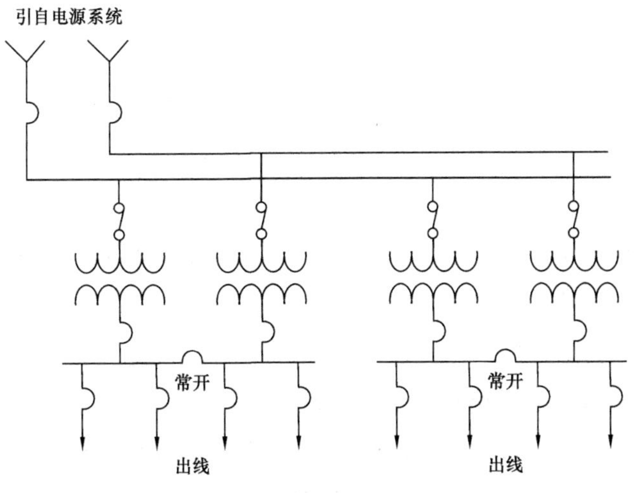

图 2–5　环形接线方式二

针对系统接线，国内油田电力系统结构基于负荷分级，国外基于系统的可靠性与经济性，并且有相应的规范和导则对系统的可靠性进行量化计算，按照系统负荷容量直接定义系统结构，在典型应用上，国内标准与国外标准有类似的地方。

国外标准对于系统接线的设计注重经济性和可靠性的统一，具体到海外的一些油田项目，电气系统设计涉及“Availability”的概念，实际项目执行过程中需要计算书，可以依据 IEEE 3006《历史可靠性数据标准　电力系统可靠性》及 IEEE 3006.5《使用概率方法进行工业和商业电力系统可靠性分析》的这两个推荐规范执行。前者给出了各类设备的可靠性统计数据，后者给出了计算方法、程序与步骤，在本书中不做赘述。这两个标准囊括了所有电力系统设备中的历史收集计算的事故率作为计算依据，通过科学加权计算的结果，判定系统的可适用性及可靠性，国际上具有较高的认可度。相比较而言，在国际项目中，一些国内标准强制规定缺乏具体的量化分析作为支撑无法得到普遍认可，而国外的相关标准相关可适用性及可靠性计算依据有普遍的说服力。

第五节　过电压安全设计

海外油田项目中常采用中压系统，国内常规传统的供电网络中的 6kV、10kV、35kV 电压等级是不接地运行的方式，而海外油田比如中东及北非等地区，这类中压系统常规是直接接地或电阻接地的模式，由于系统中性点不同的接地方式导致了系统设备过电压的选择不同。本章所述的系统过电压防护主要讨论海外油田电气设计中避雷器参数选择、SPD 安装要求及中压柜绝缘配合的一些常见技术问题。

一、避雷器参数选择

1.GB/T 50064 对避雷器参数选择的规定

国内中压系统一般较少采用中性点直接接地这种方式，而海外油田项目经常会用到，这在设计过程中需要很谨慎地应对，否则在 33kV 系统内可能会出现厂家直接使用国内非有效接地方式的避雷器。实际设计过程中要对这种方式进行分析，同时对避雷器的参数选择依据、绝缘配合保护裕度的规定进行说明，作为以后设计中选择避雷器参数的依据。

GB/T 50064《交流电气装置的过电压保护和绝缘配合设计规范》中的 MOA 参数选择见表 2–5。

海外油田地面工程电气系统具有发电机和电动机等类似的设备，相对地 MOA 的额定电压选择，对应接地故障清除时间不大于 10s 时，不应低于电动机额定电压的 1.05 倍；接地故障清除时间大于 10s 时，不应低于电动机额定电压的 1.3 倍。电动机用 MOA 的持续运行电压不宜低于 MOA 额定电压的 80%。电动机中性点用 MOA 的额定电压，不应低于相应相对地 MOA 额定电压的 $1/\sqrt{3}$。

表 2-5 MOA 持续运行电压及额定电压

系统中性点接地方式		持续运行电压，kV		额定电压，kV	
		相对地	中性点	相对地	中性点
有效接地	110kV	$U_m/\sqrt{3}$	$0.27U_m/0.46U_m$	$0.75U_m$	$0.35U_m/0.58U_m$
	220kV	$U_m/\sqrt{3}$	$0.10U_m$（$0.27U_m/0.46U_m$）	$0.75U_m$	$0.35kU_m$（$0.35U_m/0.58U_m$）
	330～750kV	$U_m/\sqrt{3}$	$0.10U_m$	$0.75U_m$	$0.35U_m$
非有效接地	不接地	$1.10U_m$	$0.64U_m$	$1.38U_m$	$0.80U_m$
	谐振接地	U_m	$U_m/\sqrt{3}$	$1.25U_m$	$0.72U_m$
	低电阻接地	$0.80U_m$	$0.46U_m$	U_m	$U_m/\sqrt{3}$
	高电阻接地	U_m	$U_m/\sqrt{3}$	$1.25U_m$	$U_m/\sqrt{3}$

注：1 110kV、220kV 中性点斜线的上、下方数据分别对应系统有和无接地的条件。
2 220kV 括号外、内数据分别对应变压器中性点经接地电抗器接地和不接地。
3 220kV 变压器中性点经接地电抗器接地和 330～750kV 变压器或高压并联电抗器中性点经接地电抗器接地，当接地电抗器的电抗与变压器或高压并联电抗器的零序电抗之比等于 n 时，k 为 $3n/(1+3n)$。
4 本表不适用于 110kV、220kV 变压器中性点不接地且绝缘水平低于国内标准规定的值。
5 U_m 为系统运行最高电压。

2. NB/T 35067 对避雷器参数选择的规定

NB/T 35067《水力发电厂过电压保护和绝缘配合设计技术导则》对电气装置保护用无间隙金属氧化物避雷器的额定电压和持续运行电压的一些规定如下：

（1）避雷器额定电压 U_r 可按式（2-11）选择：

$$U_r \geqslant KU_T \tag{2-11}$$

式中 K——切除短路故障时间系数，10s 以内切除故障，K=1.0，10s 以上切除故障，K=1.25；

U_T——暂时过电压，kV。

在选择避雷器额定电压时，仅考虑单相接地、甩负荷和长线电容效应引起的暂时过电压，并按表 2-6 选取。

（2）保护发电机的避雷器额定电压，对应故障切除时间 10s 以内和 10s 以上时，应分别按不超过 1.05 倍和 1.25 倍发电机额定电压选择。

（3）无间隙金属氧化物避雷器最大持续运行电压 U_c 的选择：避雷器的 U_c 应与 U_r 近似成正比选用，一般情况下 U_c=（0.76～0.8）U_r，不应低于以下规定值：

表 2-6　暂时过电压的选取

接地方式	非直接接地（包括电阻接地谐振接地）		直接接地		
系统标称电压，kV	3～20	35～66	110～220	330～750	
				母线	线路
暂时过电压，kV	$1.1U_m$	U_m	$1.3\times\frac{U_m}{\sqrt{3}}$	$1.3\times\frac{U_m}{\sqrt{3}}$	$1.4\times\frac{U_m}{\sqrt{3}}$

① 直接接地：

$$U_c \geqslant \frac{U_m}{\sqrt{3}}$$

② 非直接接地：

（a）10s 以内切除故障：

$$U_c \geqslant \frac{U_m}{\sqrt{3}}$$

（b）10s 以上切除故障：

$$U_c \geqslant U_m \quad （35～66kV）$$

$$U_c \geqslant 1.1U_m \quad （3～10kV）$$

（4）保护发电机金属氧化物避雷器持续运行电压不应小于发电机额定电压值，且不宜低于金属氧化物避雷器额定电压的 80%。

3. ABB 技术手册对避雷器参数选择的规定

ABB《高压避雷器购买指南》（High Voltage Surge Arresters Buyer's Guide）给出了避雷器额定电压的选择，见表 2-7。

表 2-7　ABB 避雷器额定电压的选择

系统接地方式	故障清除时间	系统电压 U_m，kV	最低额定电压 U_r，kV
有效接地	≤1s	≤100	$\geqslant 0.8U_m$
有效接地	≤1s	≥123	$\geqslant 0.72U_m$
非有效接地	≤10s	≤170	$\geqslant 0.91U_m$ $\geqslant 0.93U_m$（EXLIM T）
非有效接地	≤2h	≤170	$\geqslant 1.11U_m$
非有效接地	>2h	≤170	$\geqslant 1.25U_m$

ABB 技术手册指出，要使避雷器充分符合电力系统的实际运行条件，除选择避雷器的额定电压之外，其持续运行电压的选择更为重要，在选择持续运行电压 U_c 时必须满足以下条件：

（1）U_c 必须大于避雷器端子的恒定的工频电压。

（2）TU_c 必须大于避雷器端子上的预期的暂时过电压。

其中，T 为避雷器耐压强度，$T=U_{TOC}/U_c$（U_{TOC} 为避雷器的暂时过电压）。

ABB 公司在《中压电网金属氧化物避雷器的选型、实验和应用》中针对不同的系统接地方式，给出了 U_c 持续运行电压的选择指导：

（1）中性点消弧线圈接地或高阻接地。

在接地故障条件下，健全相的电压升高达到 U_m 的最大值。

避雷器接于相与地之间时：$U_c>U_m$，因此变压器中性点的电压最大值可达 $U_m/\sqrt{3}$，避雷器接于变压器中性点与地之间时，$U_c \geqslant U_m/\sqrt{3}$。

特别注意的是，油田电网都存在形成振荡电路的电感和电容，如果它们的谐振频率接近运行频率，其相对地电压就会高于单相接地故障时的 U_m。生产运行部门必须防止这类谐振的发生，否则就应选用相应幅值的 U_c 确保安全。

（2）中性点高电阻接地和接地故障自动切除电网。

这类接地方式的系统暂时过电压幅值与第一类中相同，可是早些切除接地故障则可按因数 T 使 U_c 减小。例如切除故障的时间 t 的最大值为 10s 时，根据 ABB 避雷器选择参考 $T(t)$ 查到 T=1.25。

避雷器接于相与地之间时，$U_c=U_m/T$。

避雷器接于变压器中性点与地之间时，$U_c \geqslant \dfrac{U_m}{T\times\sqrt{3}}$。

（3）电网中性点直接接地系统（$C_e \leqslant 1.4$）。

在这种型式的电网内，有足够的变压器中性点为低电阻接地。在接地故障时，整个系统的相电压不超过 1.4p.u.（接地故障因数 $C_e \leqslant 1.4$），因此瞬时过电压 $U_{TOV} \leqslant 1.4U_m/\sqrt{3}$。

可以假定接地故障切除时间 t 最大为 3s，然后根据 $T(t)$ 关系可得 T= 1.28。

相与地间避雷器为：$U_c \geqslant \dfrac{1.4U_m}{1.28\times\sqrt{3}}=\dfrac{1.1U_m}{\sqrt{3}}$。

非接地的变压器中性点电压最高可达 $U_{TOV}=0.4U_m$。

变压器中性点与地间避雷器为：$U_c \geqslant \dfrac{0.4U_m}{1.28}=0.32U_m$。

（4）变压器中性点低电阻接地电网（$C_e \leqslant 1.4$），但分布不均衡。

位于中性点接地的变压器附近的避雷器，U_c 可按上述（3）的 $C_e \leqslant 1.4$ 选取。

假如避雷器安装在距变压器几千米的地方，如远处的架空线路与电缆的连接点，设计中就要求特别注意。若地面非常干燥或有岩石成分，便会有比较高的接地电阻。这可使该避雷器处的相电压接近 U_m。遇到此类情况则建议：对于相与地间的避雷器，$U_c \geqslant U_m/T$。

一般来讲，接地故障监控程序可快速切除接地故障（$t<3s$），即 $T=1.28$。

在海外油田非常不良的接地条件下，如中东沙漠地区，接地故障在远处时，只有很小的故障电流。如果监控装置未能对这种故障发生作用，断路器便不会切除。装在接地故障附近的避雷器便要承受一段很长时间的 U_m。在这种情况下，最好是选取 $U_c>U_m$。

设计过程中特别注意以上所述的电网，若避雷器装于具有中性点低电阻接地的变压器上，则 $U_c>1.4U_m/(1.28\times\sqrt{3})$ 是允许的。建议避雷器的接地连线到变压器箱壳有两个电气连接，且这些连接线要尽可能短。

（5）中性点低电阻接地电网（$C_e>1.4$）。

这类电网是经阻抗接地，从而使故障电流受到限制，如限制到 2kA。在这种情况下，接地故障时健全相的电压升高到 U_m。中性点经电阻接地时，电压可比 U_m 高出 5%，如果接地消除时间不超过 10s，则 $T=1.25$，$U_c>1.05U_m/T$。

综上所述，GB/T 50064 的中压系统给出的参数选择公式是基于国内系统的通用接地方式，海外油田地面工程项目中经常有中压系统中性点直接接地运行方式，可参考 NB/T 35067 及 ABB 关于 MOA 类型指导选择避雷器参数。

二、避雷器的绝缘配合

海外油田地面工程电气类项目经常在不同的国家、不同地区开展，电压等级、系统接地方式等都不相同，因此经常需要分析判断避雷器的绝缘配合。

GB/T 50064《交流电气装置的过电压保护和绝缘配合设计规范》给出了避雷器残压与设备耐受值之间的配合系数。

电气设备内绝缘的雷电冲击耐压 $U_{e.l.i}$ 应符合式（2–12）的要求：

$$U_{e.l.i} \geqslant K_{16} U_{l.p} \qquad (2\text{–}12)$$

式中 K_{16}——设备内绝缘的雷电冲击耐压配合系数，MOA 紧靠设备时可取 1.25，其他情况可取 1.40；

$U_{l.p}$——避雷器雷电冲击残压。

下面以校核国内 35kV 典型避雷器是否可以直接用于国外 33kV 直接接地系统为例，对此进行简单说明：

（1）国内 35kV 系统用开关柜（U_m=40.5kV）典型雷电耐受及避雷器参数如下：

① 开关柜雷电耐受：相—地 185kV；

② 柜内常用避雷器：51/120–5–C，51/134–5–C，51/120–5–H，51/134–5–H。

（2）避雷器最大残压 134kV。

（3）配合系数 185/134=1.38 ＞1.25，若 MOA 紧靠设备，可认为满足绝缘配合要求。

（4）国外项目 33 kV 开关柜（U_m=36kV）雷电耐受一般为 170kV，使用国内常用避雷器时的配合系数为 170/134=1.27＞1.25，若 MOA 紧靠设备，可认为满足绝缘配合要求。

紧靠设备无明确定义，所以出于更为稳妥的考虑建议降低 33kV 柜内避雷器残压，满足国际项目中保护水平要求。

国外绝缘配合系数参考表 2–8，引自《变电站设计应用指南》（Substation Design Application Guide）。

表 2–8　国外绝缘配合系数

项目	400kV	275kV	132kV	33kV
开断冲击耐压（switching impulse withstand voltage）kV	1050	850		
保护等级（protection level）kV（IEC）	$\frac{1050}{1.25}$=840	$\frac{850}{1.25}$=680	$\frac{550}{1.25}$=440	$\frac{170}{1.25}$=136
雷电冲击耐压（lightning impulse withstand voltage）kV	1425	1050	650	170
保护级别（protection level）kV（NGC）	$\frac{1425}{1.4}$=1020	$\frac{1050}{1.4}$=750	$\frac{650}{1.4}$=464	$\frac{170}{1.4}$=121
最高持续工作电压（maximum continuous voltage）kV	$\frac{400\times1.23}{\sqrt{3}}$=285	$\frac{275\times1.23}{\sqrt{3}}$=195	$\frac{132\times1.23}{\sqrt{3}}$=94	$\frac{33\times1.23}{\sqrt{3}}$=23
避雷器额定电压（rated surge arrester voltage）kV（NGC）	$\frac{400\times1.58}{\sqrt{3}}$=366	$\frac{275\times1.58}{\sqrt{3}}$=250	$\frac{132\times1.58}{\sqrt{3}}$=120	$\frac{33\times2.2}{\sqrt{3}}$=42
能量级别（energy level class）	3	3	3	3
	4	4	4	4
一般放电电流（nominal discharge current）kA	10～20	10～20	10	

三、SPD 参数及配置

SPD（Surge Protective Device）是国际电工委员会（IEC）标准中电涌保护器的缩写，用以限制瞬态过电压及引导电涌电流的设备。当电气回路或者通信回路被外界干扰，突然产生尖峰电压或者电流时，SPD 能在瞬时导通分流，避免设备被损坏。

国内行业标准 DL 5408《发电厂、变电站电子信息系统 220V～380V 电源电涌保护装置、安装及验收规程》对发电厂、变电站的 SPD 安装位置及型式均有详细规定。

1. 发电厂电涌保护器的配置

（1）大（中）型发电厂宜在下列 220/380V 电源侧装设电涌保护器：

① 220/380V 侧动力中心（简称 PC）母线进线段、保安母线段；

② 安装有电子信息设备的电源入口处；

③ 交流不间断电源（UPS）220/380V 侧的电源入口处。

冲击电流及标称放电电流参数宜按 A 级选择。

（2）小型发电厂应在下列 220/380V 电源侧装设电涌保护器：

① 220/380V 侧动力中心（简称 PC）母线进线段；

② 安装有电子信息设备的电源入口处；

③ 交流不间断电源（UPS）220/380V 侧的电源入口处。

冲击电流及标称放电电流宜按 B 级选择。

2. 变电站电涌保护器的配置

（1）35kV 及以上变电站宜在下列 220/380V 电源侧装设电涌保护器：

① 所用变压器 220/380V 侧母线进线段；

② 监控用计算机交流不间断电源（UPS）220/380V 的电源侧。

冲击电流及标称放电电流宜按 B 级选择。

（2）35kV 以下变电站（含箱式变电站）应在下列 220/380V 电源侧装设电涌保护器：

① 220/380V 所用电母线进线段；

② 220/380V 馈线母线段。

冲击电流及标称放电电流宜按 C 级选择。

SPD 的型式分类及相应标称放电电流见表 2–9，耐压值见表 2–10。

表 2-9　SPD 的型式分类及相应标称放电电流

<table>
<tr><td rowspan="3">保护分级</td><td>LPZ0 区与 LPZ1 区交界处</td><td colspan="3">LPZ1 区与 LPZ2 区、LPZ2 区与 LPZ3 区交界处</td><td rowspan="2">直流电源标称放电电流，kA</td></tr>
<tr><td>第一级冲击电流，kA</td><td>第二级标称放电电流，kA</td><td>第三级标称放电电流，kA</td><td>第四级标称放电电流，kA</td></tr>
<tr><td>10/350μs</td><td>8/20μs</td><td>8/20μs</td><td>8/20μs</td><td>8/20μs</td></tr>
<tr><td>A 级</td><td>≥20</td><td>≥40</td><td>≥20</td><td>≥10</td><td>≥10</td></tr>
<tr><td>B 级</td><td>≥15</td><td>≥40</td><td>≥20</td><td></td><td rowspan="3">直流配电系统中，根据线路长度和工作电压选用标称放电电流≥10kA 适配的电涌保护器</td></tr>
<tr><td>C 级</td><td>≥12.5</td><td>≥20</td><td></td><td></td></tr>
<tr><td>D 级</td><td>≥12.5</td><td>≥10</td><td></td><td></td></tr>
</table>

注：电涌保护器的外封装材料应为阻燃型材料。

表 2-10　建筑物内 220/380V 配电系统中设备绝缘耐冲击电压额定值

设备位置	电源处的设备	配电线路和最后分支线路的设备	用电设备	特殊需要保护的设备
耐冲击电压类别	Ⅳ类	Ⅲ类	Ⅱ类	Ⅰ类
耐冲击电压额定值 U_w，kV	6	4	2.5	1.5

注：Ⅰ类：含有电子电路的设备，如计算机、有电子程序控制的设备；Ⅱ类：如家用电器和类似负荷；Ⅲ类：如配电盘、断路器，包括线路、母线、分线盒、开关、插座等固定装置的布线系统，以及应用于工业的设备和永久接至固定装置的固定安装的电动机等的一些其他设备；Ⅳ类：如电气计量仪表、一次线过流保护设备、滤波器。

第六节　变配电安全净距

海外油田地面工程设计中时常被国外同行指出户内外变配电室布置的安全间距问题，虽然国家标准及行业标准均对室内外电气设备布置有明确的技术要求，但具体在海外国际项目操作过程中需要遵循的最低要求，可能是当地国家行业标准，也可能是 IEC 推荐标准。

总结以往的工程设计经验，在电气设备布置方面，国内标准规定得更为详细。国外标准对一些间距有具体的要求，有些间距国内标准比国外标准要求的值宽泛，但有些值国内标准又比国外标准严格，因此在实际应用中需要具体情况具体分析。

国外项目在防火方面的考虑比较全面，可追踪的国外标准也比较多。总体来讲，变压器防火间距的国外标准普遍比国内标准要严格，在实际海外工程中需特别注意。

下面对国内标准及国外标准中室内外电气配电装置安全净距及变压器安装的防火间距简要说明，供设计参考。

一、室外配电装置安全间距

1. GB 50060 相关规定

GB 50060《35～110kV 高压配电装置设计规范》规定：

屋外配电装置的安全净距不应小于表 2-11 所列数值。电气设备外绝缘体最低部位距地小于 2500mm 时，应装设固定遮栏。

屋外配电装置的安全净距应按图 2-6、图 2-7 及图 2-8 选择。

表 2-11　屋外配电装置的安全净距（m）

符号	适应范围	系统标称电压，kV					
		3～10	15～20	35	66	110J	110
A_1	（1）带电部分至接地部分之间； （2）网状遮栏向上延伸线距地 2.5m 处与遮栏上方带电部分之间	200	300	400	650	900	1000
A_2	（1）不同相的带电部分之间； （2）断路器和隔离开关的断口两侧引线带电部分之间	200	300	400	650	1000	1100
B_1	（1）设备运输时，其设备外廓至无遮栏带电部分之间； （2）交叉的不同时停电检修的无遮栏带电部分之间； （3）栅状遮栏至绝缘体和带电部分之间； （4）带电作业时带电部分至接地部分之间	950	1050	1150	1400	1650	1750
B_2	网状遮栏至带电部分之间	300	400	500	750	1000	1100
C	（1）无遮栏裸导体至地面之间； （2）无遮栏裸导体至建筑物、构筑物顶部之间	2700	2800	2900	3100	3400	3500
D	（1）平行的不同时停电检修的无遮栏带电部分之间； （2）带电部分与建筑物、构筑物的边沿部分之间	2200	2300	2400	2600	2900	3000

注：1　110J 指中性点有效接地系统。

2　海拔超过 1000m 时，A 值应进行修正。

3　本表所列各值不适用于制造厂的成套配电装置。

4　带电作业时，不同相或交叉的不同回路带电部分之间，其 B_1 值可在 A_2 值上加 750mm。

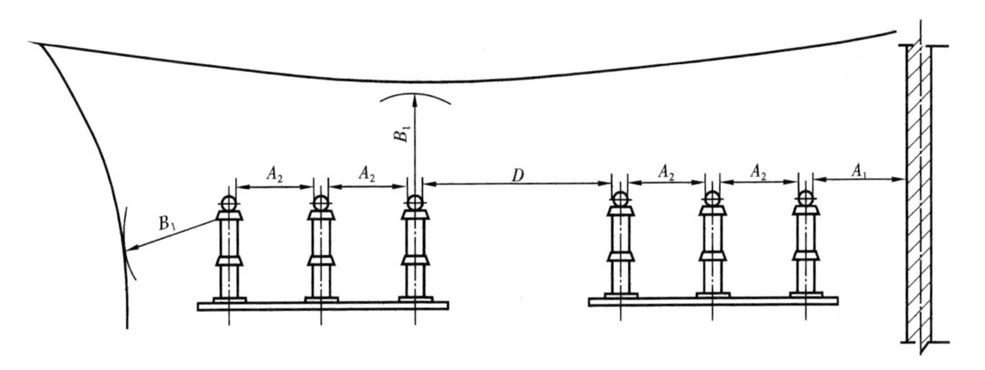

图 2-6　屋外 A_1、A_2、B_1、D 值校验

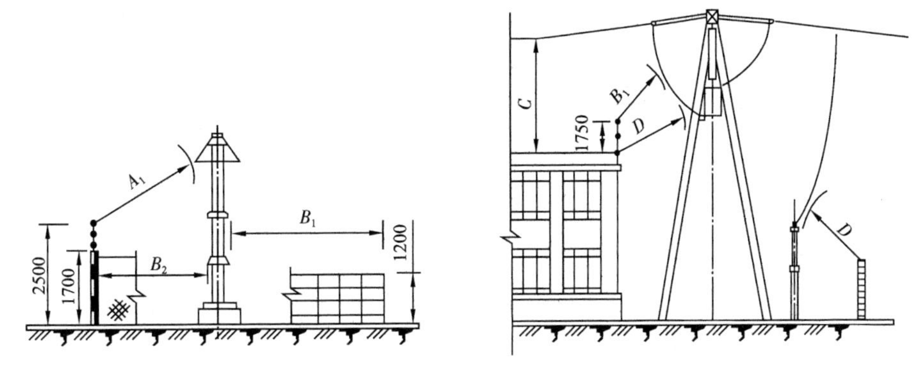

图 2-7　屋外 A_1、B_1、B_2、C、D 值校验

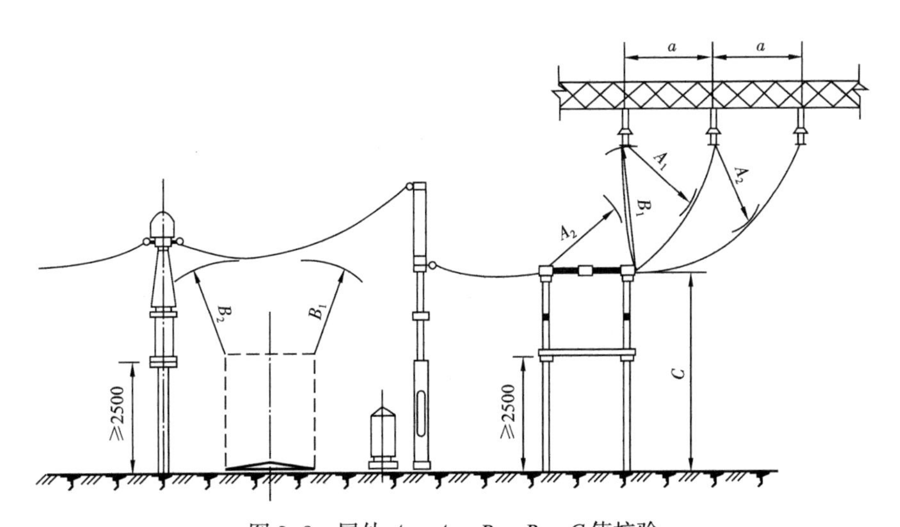

图 2-8　屋外 A_1、A_2、B_1、B_2、C 值校验

注：1 A 为不同相带电部分之间的距离。

2 屋外配电装置使用软导线时，在不同条件下，带电部分至接地部分和不同相带电部分之间的最小安全净距应根据表 2-12 进行校验，并应采用最大值。

表 2-12　带电部分至接地部分和不同相带电部分之间的最小安全净距（mm）

条件	校验条件	设计风速，m/s	A 值	系统标称电压，kV			
				35	66	110J	110
雷电过电压	雷电过电压和风偏	10	A_1	400	650	900	1000
			A_2	400	650	1000	1100
工频过电压	（1）最大工作电压、短路和风偏（取 10m/s 风速）；（2）最大工作电压和风偏（取最大设计风速）	10 或最大设计风速	A_1	150	300	300	450
			A_2	150	300	500	500

2. IEC 61936-1 对安全净距的规定

IEC 61936-1《交流大于 1 kV 电气装置》（Power installations exceeding 1 kV a.c.）规定了室外电气安装的最小相—地间距与相—相间距（N）、带电部分与防护遮栏安全净距（B_1、B_2）、带电部分与保护阻挡物安全净距（O_2）、边界安全净距（C、E）、人员可接近区域的最低高度（H）、与建筑物的最小净距、运输通道的净距（T）、杆塔上的电气安装。

1）室外电气安装的最小相—地间距与相—相间距（N）

油田常用电压等级的室外电气安装的最小相—地间距与相—相间距（N）如下：

（1）U_n=66kV，户外最小相—地间距 N=630mm（国家标准 A_1=650mm），户外最小相—相间距 N=630mm（国家标准 A_2=650mm）。

（2）U_n=110kV，户外最小相—地间距 N=900mm（工频耐受 185kV，雷电耐受 450kV；国家标准 A_1=900mm，对应于中性点接地系统），户外最小相—地间距 N=1100mm（工频耐受 230kV，雷电耐受 550kV；国家标准 A_1=900mm，对应于中性点接地系统）。

更为详细的间距参见 IEC 61936-1，本书摘录标称电压 132kV 及以下部分，见表 2-13。

表 2-13　空气绝缘的最小相—地间距与相—相间距

最高工作电压 U_m（r.m.s.）kV	额定短时工频耐压 U_d（r.m.s.）kV	雷电冲击耐压 U_p 1.2/50μs（峰值）kV	最小相—相间距与相—地间距	
			户内安装 mm	户外安装 mm
3.6	10	20	60	120
		40	60	120
7.2	20	40	60	120
		60	90	120

续表

最高工作电压 U_m（r.m.s.）kV	额定短时工频耐压 U_d（r.m.s.）kV	雷电冲击耐压 U_p 1.2/50μs（峰值）kV	最小相—相间距与相—地间距	
			户内安装 mm	户外安装 mm
12	28	60	90	150
		75	120	150
		95	160	160
17.5	38	75	120	160
		95	160	160
24	50	95	160	
		125	220	
		145	270	
36	70	145	270	
		170	320	
52	95	250	480	
72.5	140	325	630	
123	185	450	900	
	230	550	1100	
145	185	450	900	
	230	550	1100	
	275	650	1300	

2）带电部分与防护遮栏安全净距（B_1、B_2）

（1）对于无开孔的实体墙，最低高度为1800mm时，最小安全净距$B_1=N$。

（2）对于铁丝网、筛网或最低高度为1800mm带孔（IPXXB）实体墙，最小安全净距$B_2=N+80$mm。

注：1　IPXXB防护等级确保手指免于接触危险部分。

2　对于无刚性防护遮栏的站场，净距应考虑遮栏可能的任何移位。

3）带电部分与保护阻挡物安全净距（O_2）

带电部分与保护阻挡物内表面的最小安全净距应满足以下要求：对于1800mm以下的实体墙或筛网，以及扶手、链条、绳索，最小安全净距$O_2=N+300$mm，但不小于600mm。

注：对于链条、绳索，应考虑弧垂的影响。

4）边界安全净距（C、E）

户外设备至围栏的净距要求如下：

（1）实体墙：$C=N+1000$mm。

（2）铁丝网、筛网：$E=N+1000$mm。

注：1　围栏高度不低于1800mm，有关围栏更为详细的技术要求参见IEC 61936–1。

2　为了更好地理解C值、E值，可参见图2–9至图2–15。

5）人员可接近区域的最低高度（H）

对于行人可以进入的区域，地面或平台上面的最小净距要求如下：

（1）带电部分无防护措施，$H=N+2250$mm，但不应小于2500mm，并且考虑最大弧垂。

（2）绝缘的最低部分，如绝缘子金属底座的上边缘，高度不应低于2250mm，除非有其他的保护措施。

6）与建筑物的最小净距

（1）当裸导体穿越房顶时，在最大弧垂下的净距应满足以下要求：

① 当房顶有可能上人时，净距取H。

② 当房顶不可接近时，净距取$N+500$mm。

③ 当房顶有可能上人时，房顶侧面与带电裸导体的净距取O_2。

（2）当裸导体靠近建筑物时，在最大弧垂下的净距应满足以下要求：

① 外墙窗户无筛网，净距取D_v：

$$D_v = N+1000\text{mm}\ (U_n \leqslant 110\text{kV})$$

$$D_v = N+2000\text{mm}\ (U_n > 110\text{ kV})$$

② 外墙窗户有筛网（IPXXB），净距取B_2。

③ 外墙无窗户，净距取N。

7）运输通道的净距（T）

在封闭的电气操作区域内，车辆或其他移动设备在无防护的带电部分下面或邻近防护的带电部分时，下面的净距应满足：

（1）可以开门的车辆，车载物体不会侵入危险区时，最小净距$T=N+100$mm，但不应小于500mm。

（2）最低高度取H。

更为详细的说明参见图2–10和图2–11。

8）杆塔上的电气安装

带电导体与公共区域的最小安全高度H'：

（1）$H'=4300$mm（$U_m \leqslant 52$kV）。

（2）$H'=N+4500$mm（不低于6000mm）（$U_m > 52$kV）。

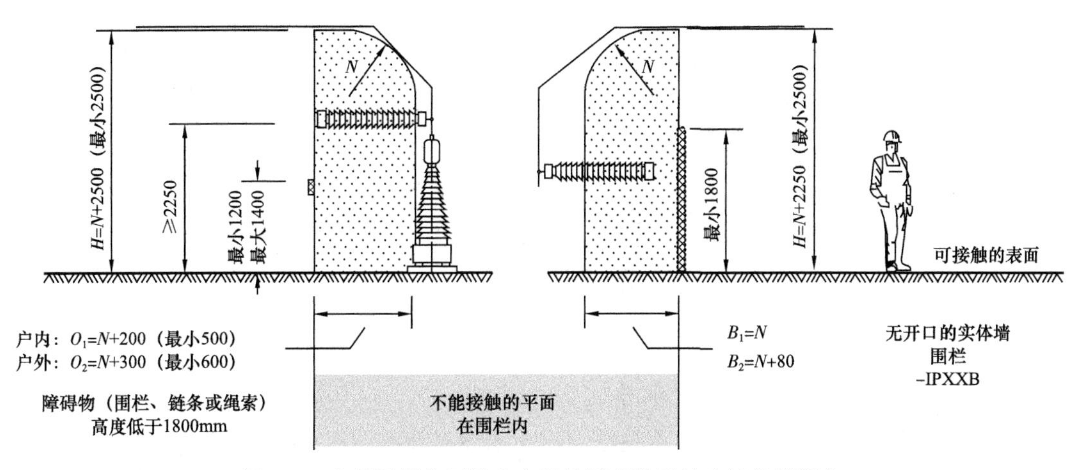

图 2-9　在封闭操作区域内有保护网或装置的直接接触距离

N—最小间距；O—物体净空；B—围栏间距

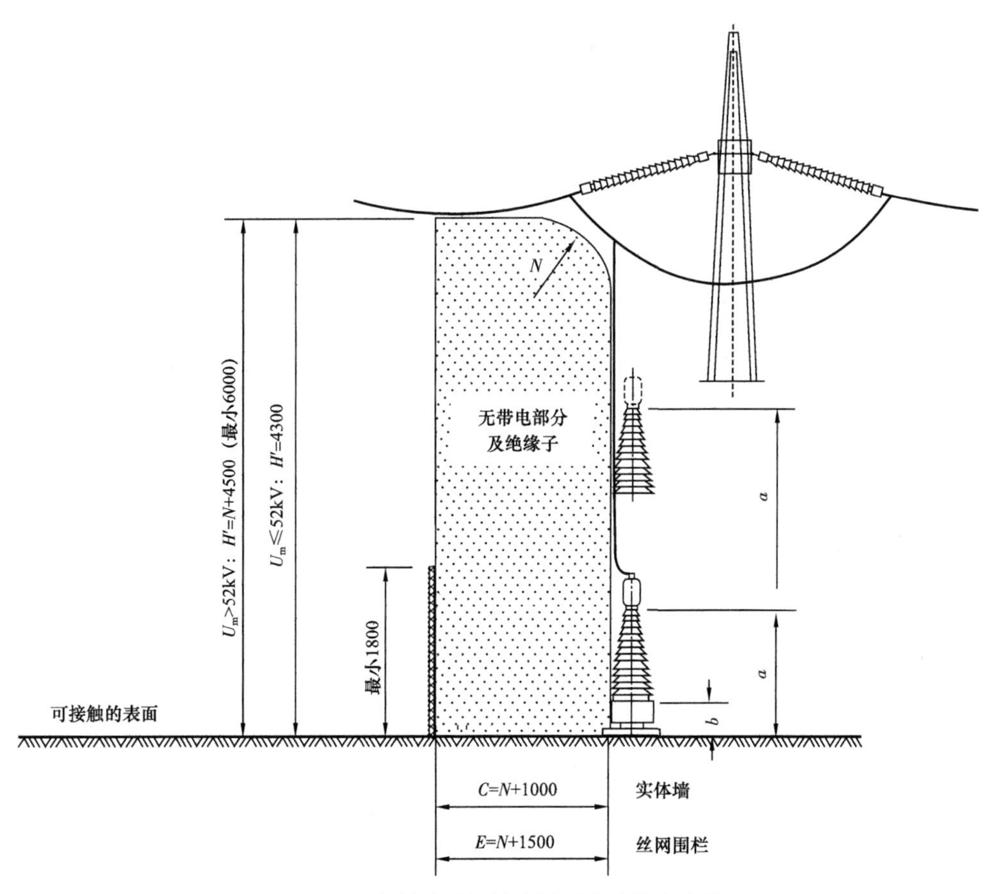

图 2-10　与外墙及网的边界距离及最小高度

N—最小间距；H'—带电部分到围栏上可接触面的间距；a—如果到带电部分的高度小于 H' 需用护栏保护；b—如果距离小于 2250mm 需用护栏保护

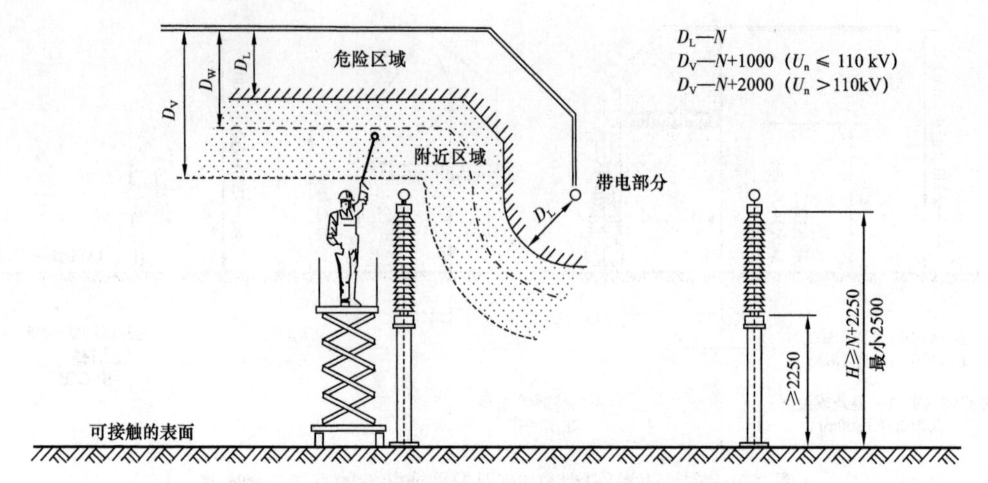

图 2-11 在封闭电气操作区域内的最小高度及工作空间

D_W—国家法定工作区域；N—最小间距；H—最小高度

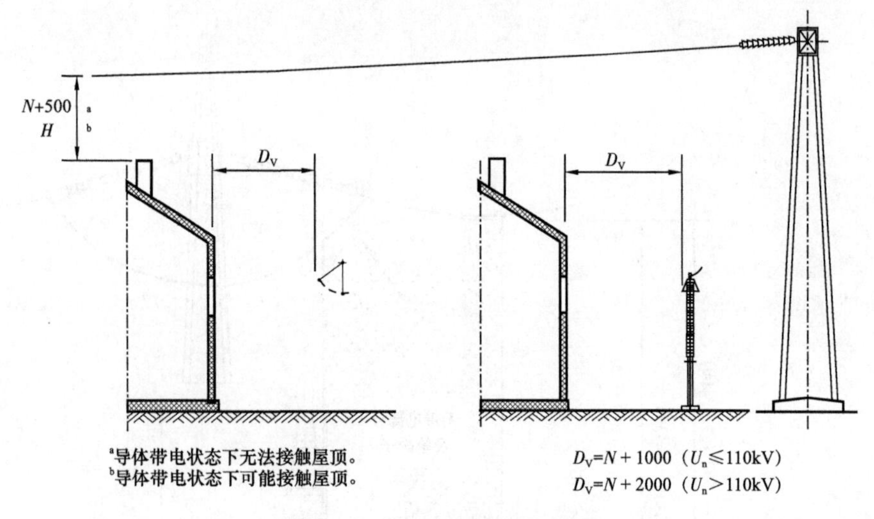

图 2-12 带未封闭窗户的外墙

N—最小间距；H—最小高度

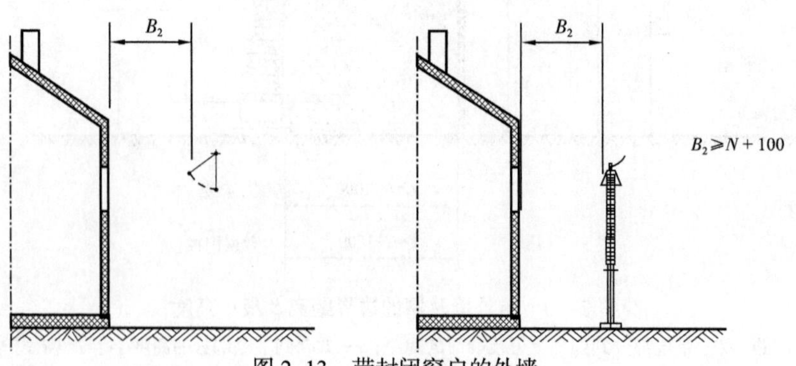

图 2-13 带封闭窗户的外墙

N—最小间距

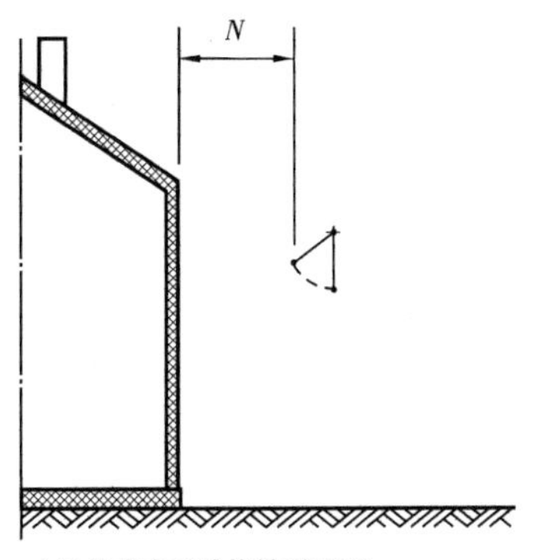

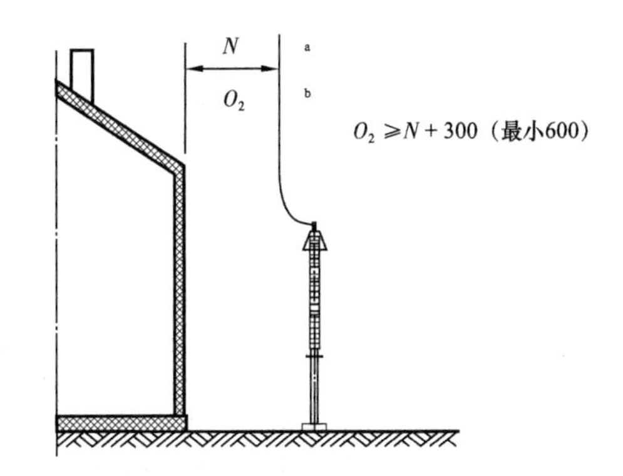

ᵃ 导体带电无法接触到屋顶。
ᵇ 导体带电无法接触到屋顶。

图 2-14　无窗的外墙

N—最小间距

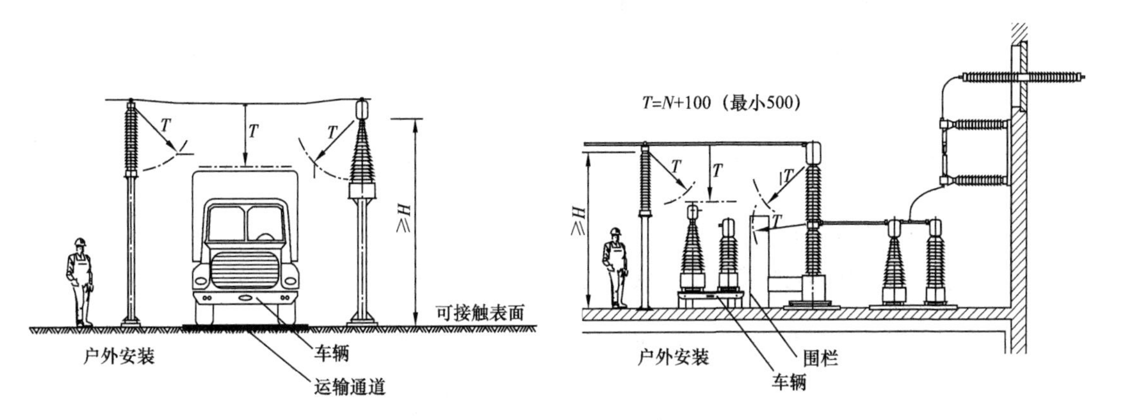

图 2-15　最小通行距离

N—最小间距

二、室内设备安全间距

1. DL/T 5352 相关技术规定

DL/T 5352《高压配电装置设计规范》规定：

屋内配电装置采用金属封闭开关设备时，屋内各种通道的最小宽度（净距）宜符合表 2-14 的规定。

室内油浸变压器外廓与变压器室四周墙壁的最小净距应符合表 2-15 的规定。就地检修的室内油浸变压器，室内高度可按吊芯所需的最小高度再加 700mm，宽度可按变压器两侧各加 800mm。

设置于屋内的无外壳干式变压器，其外廓与四周墙壁的净距不应小于 600mm；干式变压器之间的距离不应小于 1000mm，并应满足巡视维修的要求。

表 2–14　配电装置屋内各种通道的最小宽度（净距）（mm）

布置方式	维护通道	操作通道	
		固定式	移开式
设备单列布置	800	1500	单车长 +1200
设备双列布置	1000	2000	双车长 +900

注：1　通道宽度在建筑物的墙柱个别突出处，可缩小 200mm。

2　移开式开关柜不需要进行就地检修时，其通道宽度可适当减小。

3　固定式开关柜靠墙布置时，柜背离墙距离宜取 50mm。

4　当采用 35kV 开关柜时，柜后通道不宜小于 1000mm。

表 2–15　屋内油浸变压器外廓与变压器室四壁的最小净距（mm）

变压器容量	1000kV · A 及以下	1250kV · A 及以上
变压器与后壁、侧壁之间	600	800
变压器与门之间	800	1000

2. GB 50054 相关技术规定

GB 50054《低压配电设计规范》规定：

低压柜室内布置的各通道要求见表 2–16。

表 2–16　成排布置的配电屏通道最小宽度（m）

配电屏		单配布置			双排面对面布置			双排背对背布置			多排同向布置			屏侧通道
		屏前	屏后		屏前	屏后		屏前	屏后		屏前	前、后排屏距墙		
			维护	操作		维护	操作		维护	操作		前排屏前	后排屏后	
固定式	不受限制时	1.5	1.1	1.2	2.1	1	1.2	1.5	1.5	2.0	2.0	1.5	1.0	1.0
	受限制时	1.3	0.8	1.2	1.8	0.8	1.2	1.3	1.3	2.0	1.8	1.3	0.8	0.8
抽屉式	不受限制时	1.8	1.0	1.2	2.3	1.0	1.2	1.8	1.0	2.0	2.3	1.8	1.0	1.0
	受限制时	1.6	0.8	1.2	2.1	0.8	1.2	1.6	0.8	2.0	2.1	1.6	0.8	0.8

注：1　受限制时是指受到建筑平面的限制、通道内有柱等局部突出物的限制。

2　屏后操作通道是指需要在屏后操作运行中的开关设备的通道。

3　背靠背布置时，屏前通道宽度可按本表中双排背对背布置的屏前尺寸确定。

4　控制屏、控制柜、落地式动力配电箱前后的通道最小宽度可按本表确定。

5　挂墙式配电箱的箱前操作通道宽度不宜小于 1m。

落地式配电箱的底部应抬高，高出地面的高度：室内不应低于 50mm，室外不应低于 200mm。

高压及低压配电设备设在同一室内，且两者有一侧柜顶有裸露的母线时，两者之间的净距离不应小于 2m。

成排布置的配电屏，其长度超过 6m 时，屏后的通道应设两个出口，并宜布置在通道两端；当两出口之间的距离超过 15m 时，其间尚应增加出口。

3. DL/T 5153 相关技术规定

DL/T 5153《火力发电厂厂用电设计技术规程》规定：

低压配电屏前后通道最小宽度见表 2–17。

表 2–17　低压配电屏前后通道最小宽度（mm）

<table>
<tr><td colspan="2" rowspan="3">配电屏种类</td><td colspan="3">单配布置</td><td colspan="3">双排面对面布置</td><td colspan="3">双排背对背布置</td><td colspan="3">多排同向布置</td></tr>
<tr><td rowspan="2">屏前</td><td colspan="2">屏后</td><td rowspan="2">屏前</td><td colspan="2">屏后</td><td rowspan="2">屏前</td><td colspan="2">屏后</td><td rowspan="2">屏间</td><td colspan="2">前、后排屏距墙</td></tr>
<tr><td>维护</td><td>操作</td><td>维护</td><td>操作</td><td>维护</td><td>操作</td><td>前排</td><td>后排</td></tr>
<tr><td rowspan="2">固定分离式</td><td>不受限制时</td><td>1500</td><td>1000</td><td>1200</td><td>2000</td><td>1000</td><td>1200</td><td>1500</td><td>1500</td><td>2000</td><td>2000</td><td>1500</td><td>1000</td></tr>
<tr><td>受限制时</td><td>1300</td><td>800</td><td>1200</td><td>1800</td><td>800</td><td>1200</td><td>1300</td><td>1300</td><td>2000</td><td>2000</td><td>1300</td><td>800</td></tr>
<tr><td rowspan="2">抽屉式</td><td>不受限制时</td><td>1800</td><td>1000</td><td>1200</td><td>2300</td><td>1000</td><td>1200</td><td>1800</td><td>1000</td><td>2000</td><td>2300</td><td>1800</td><td>1000</td></tr>
<tr><td>受限制时</td><td>1600</td><td>800</td><td>1200</td><td>2000</td><td>800</td><td>1200</td><td>1600</td><td>800</td><td>2000</td><td>2000</td><td>1600</td><td>800</td></tr>
</table>

注：1　受限制时是指受到建筑平面的限制、通道内有柱等局部突出物的限制。
2　控制屏、柜前后的通道最小宽度可按本表的规定执行或适当缩小。
3　屏后操作通道是指需在屏后操作运行中的开关设备的通道。
4　当盘柜的电缆接线在盘柜正面进行，盘柜靠墙布置时，盘后宜留 200mm 以上空间，进线方式宜为下进线。

低压厂用配电装置室内裸导电部分与各部分的净距应符合下列要求：

（1）屏后通道内裸导电部分的高度低于 2.3m 时应加遮护，遮护后通道高度不应低于 1.9m。

（2）跨越屏前通道裸导电部分的高度不应低于 2.5m，当低于 2.5m 时应加遮护，遮护后的护网高度不应低于 2.2m。

高压厂用配电装置室的操作、维护通道及开关柜或配电屏的离墙尺寸应符合表 2–18 的要求。

表 2-18　高压厂用配电装置室的通道尺寸（mm）

配电屏种类		单配布置			双排面对面布置			双排背对背布置			多排同向布置		
		屏前	屏后		屏前	屏后		屏前	屏后		屏间	前、后排屏距墙	
			维护	操作		维护	操作		维护	操作		前排	后排
固定分离式	不受限制时	1500	1000	1200	2000	1000	1200	1500	1500	2000	2000	1500	1000
	受限制时	1300	800	1200	1800	800	1200	1300	1300	2000	2000	1300	800
抽屉式	不受限制时	1800	1000	1200	2300	1000	1200	1800	1000	2000	2300	1800	1000
	受限制时	1600	800	1200	2000	800	1200	1600	800	2000	2000	1600	800

注：1　本表尺寸系从常用的开关柜屏面算起（即突出部分已包括在本表尺寸内）。

2　本表所列操作及维护通道的尺寸，在建筑物的个别突出处允许缩小 200mm。

4. NFPA 70 相关技术规定

NFPA 70《国家电气标准》（National Electrical Code）规定的电气设备工作时的安全净距见表 2-19。

表 2-19 的工作距离分为三类，分别是：

条件 1：一侧有裸露的带电部分，另外一侧无带电或接地的部分，或者工作空间两侧均有裸露带电部分，但具备有效的绝缘材料防护。

条件 2：工作空间的一侧有裸露的带电部分，另一侧有接地部分，混凝土墙、砖墙、瓷砖墙壁都可当成可接地条件。

条件 3：工作空间的两侧均有裸露的带电部分。

表 2-19　电气设备的最小工作空间距离

对地电压	最小空间距离		
	条件 1	条件 2	条件 3
1001～2500V	900mm（3ft）	1.2m（4ft）	1.5m（5ft）
2501～9000V	1.2m（4ft）	1.5m（5ft）	1.8m（6ft）
9001～25000V	1.5m（5ft）	1.8m（6ft）	2.8m（9ft）
25001V～75kV	1.8m（6ft）	2.5m（8ft）	3.0m（10ft）
＞75kV	2.5m（8ft）	3.0m（10ft）	3.7m（12ft）

5. IEEE C2 相关技术规定

IEEE C2《国家电气安全规程》规定的设备布置需要特别注意以下两点：

（1）全封闭的开关柜室。至少有两个入口，与国内标准的建筑物超过 7m 增设出口不一致，要求更为严格。

（2）盘后距离要求盘柜后门至少能开 90°，或者至少 900mm，即使有障碍物，900mm 也必须保证，这点与国内标准的受限区域柜后间距可减少到 800mm 的要求不一致。

IEEE C2 原文节选及翻译如下：

B. Metal-enclosed power switchgear（金属开关柜）

2. Enclosed switchgear rooms shall have at least two means of egress，one at each extreme of the area，not necessary in opposite walls.Doors shall swing out and be equipped with panic bars，pressure plates，or other devices that are normally latched but open under simple pressure（开关室应至少有两个出入口，设置在区域的两端，不需要在相对的墙壁上。门应该向外开，并配备内部一推就能打开门的应急推锁）。

EXCEPTION：One door may be used when required by physical limitations if means are provided for unhampered exit during emergencies（例外的是，如果一扇门由于其他原因被物理限制打开，则应设置在应急情况下不受阻碍就能开门）。

3. Space shall be maintained in front the switchgear to allow breakers to be removed and turned without obstruction（应在开关柜前留有空间，使断路器能够拆卸和操作而不受阻碍）。

4. Space shall be maintained in the rear of the switchgear to allow for door opening to at least 90 degrees open，or a minimum of 900mm（3ft）without obstruction when removable panels are used [开关柜后部应留有足够的空间，使柜门的开度至少达到 90°，或在使用可拆卸面板时，门的开度至少为 900mm（3ft），且无障碍物]。

三、变压器安装防火间距

1. GB 50060 相关规定

GB 50060《35～110kV 高压配电装置设计规范》规定：

35kV 屋内敞开式配电装置的充油设备应安装在两侧有隔墙（板）的间隔内；66～110kV 屋内敞开式配电装置的充油设备应安装在有防爆隔墙的间隔内。总油量超过 100kg 的屋内油浸电力变压器，应安装在单独的变压器间内，并应设置灭火设施。

屋内单台电气设备的油量在 100kg 以上时，应设置贮油设施或挡油设施。挡油设施的容积应按容纳 20% 油量设计，并应有将事故油排至安全处的设施；当不能满足上述要求时，应设置能容纳100%油量的贮油设施。排油管的内径不应小于150mm，管口应加装铁栅滤网。

屋外单台电气设备的油量在1000kg以上时，应设置贮油或挡油设施。当设置有容纳20%油量的贮油或挡油设施时，应设置将油排到安全处所的设施，且不应引起污染危害。当不能满足上述要求时，应设置能容纳100%油量的贮油或挡油设施。贮油和挡油设施应大于设备外廓每边各1000mm，四周应高出地面100mm。贮油设施内应铺设卵石层，卵石层厚度不应小于250mm，卵石直径为50～80mm。当设置有油水分离措施的总事故贮油池时，贮油池容量宜按最大一个油箱容量的60%确定。

油量为2500kg及以上的屋外油浸变压器之间的最小净距应符合表2–20的规定。

表2–20　屋外油浸变压器之间的最小净距

电压等级，kV	最小净距，m
35及以下	5
66	6
110	8

油量为2500kg及以上的屋外油浸变压器之间的防火间距不能满足表2–20的要求时，应设置防火墙。防火墙的耐火极限不宜小于4h。防火墙的高度应高于变压器油枕，其长度应大于变压器贮油池两侧各1000mm。

油量在250kg及以上的屋外油浸变压器或电抗器与本回路油量为600～2500kg的充油电气设备之间的防火间距，不应小于5000mm。

在防火要求较高的场所，有条件时宜选用非油绝缘的电器设备。

2. IEC 61936–1相关规定

国内标准规定的油浸变压器防火间距以电压等级为划分依据，但是国际标准一般以变压器油的性质及总量为划分依据，IEC对普通绝缘油按照总油量划分了四挡间距，而IEEE标准按照总油量划分了两挡间距，国内标准依据电压等级划分了三挡间距，变压器外廓间距小于这些规定，则应设置防火墙。根据IEC 61936–1《交流大于1kV的电气安装装置》户外变压器安装参见表2–21，户内变压器的安装要求参见表2–22，同时可参考图2–16、图2–17与图2–18。

国内标准按照电压等级，最大的防火间距为8m，而IEC最大为15m/30m，见表2–21，而类似的IEEE最大为15.2m，因此在国际项目中，满足国内标准的防火间距可能不满足IEC或IEEE的要求，按照国内标准距离无须设置防火墙，但是按照IEC或IEEE可能需要，设置防火墙，这点在海外油田项目工程中一定要特别关注。但对于防火墙的耐火时间，国内标准要求更为严格，而 IEC 或 IEEE 的要求相比国内标准低，在实际工程中需要灵活掌握和应用。

表 2–21 中的 G_1、G_2 参考图 2–17 与图 2–18。

表 2–21　户外变压器的安全净距要求

<table>
<tr><td>变压器类型</td><td>变压器油体积，L</td><td>间距 G_1（对其他变压器或非可燃材料建筑物表面），m</td><td>间距 G_2（对可燃材料的建筑物），m</td></tr>
<tr><td rowspan="4">油浸变压器（O）</td><td>1000<……<2000</td><td>3</td><td>7.5</td></tr>
<tr><td>2000≤……<20000</td><td>5</td><td>10</td></tr>
<tr><td>20000≤……<45000</td><td>10</td><td>20</td></tr>
<tr><td>≥45000</td><td>15</td><td>30</td></tr>
<tr><td rowspan="2">低可燃特性的变压器油无加强保护（K）</td><td>1000<……<3800</td><td>1.5</td><td>7.5</td></tr>
<tr><td>≥3800</td><td>4.5</td><td>15</td></tr>
<tr><td rowspan="3">低可燃特性的变压器油有加强保护（k）</td><td colspan="3">间距 G_1（对建筑物表面或相邻变压器）</td></tr>
<tr><td colspan="2">水平，m</td><td>垂直，m</td></tr>
<tr><td colspan="2">0.9</td><td>1.5</td></tr>
<tr><td rowspan="4">干式变压器（A）</td><td rowspan="2">火灾等级</td><td colspan="2">间距 G_1（对建筑物表面或相邻变压器）</td></tr>
<tr><td>水平，m</td><td>垂直，m</td></tr>
<tr><td>F0</td><td>1.5</td><td>3.0</td></tr>
<tr><td>F1</td><td>无</td><td>无</td></tr>
</table>

注：加强保护（enhanced protection）指：

（1）加强油箱强度（tank rupture strength）；

（2）油箱压力释放（tank pressure relief）；

（3）低故障电流保护（low–current fault protection）；

（4）高故障电流保护（high–current fault protection）。

普通油浸变压器：

（1）油量不大于 1000L 时，建筑物应达到以下要求：EI 与 REI 均为 60min。

（2）油量大于 1000L 时，建筑物应达到以下要求：EI 与 REI 均为 90min ；或 EI 与 REI 均为 60min，另设自动喷淋系统。

不易燃油（燃点 K 大于 300℃的绝缘液体）变压器室内安装时，建筑物应达到以下要求：

（1）无加强保护时：EI 与 REI 均为 60min ；或设置自动喷淋系统。

（2）对于最高电压不超过 38kV 且容量不高于 10MV·A 的变压器，有加强保护时：EI 与 REI 均为 60min ；或水平间距不低于 1.5m，垂直间距不低于 3m。

表 2-22　户内变压器的最低安装要求

变压器类别	级别	安全措施
油浸变压器	变压器油体积	
	≤1000L	El 60 或 REI 60
	＞1000L	El 90 或 REI 90，EI 60 或 REI 60 和自动喷淋保护
低可燃特性的变压器油（K）	变压器容量 / 最高电压	
无加强保护	无限制	EI 60 或 REI 60 或自动喷淋保护
有加强保护	≤10MV·A，U_m≤38kV	EI 60 或 REI 60，或者 1.5m 水平和 3m 垂直间距
干式变压器（A）	F0	EI 60 或 REI 60，或者 0.9m 水平和 1.5m 垂直间距
	F1	防火墙

注：1　REI 代表防火承载力墙，EI 代表非承载力防火墙，R 代表承载能力，E 代表整体防火，I 代表隔热材料，60/90 代表耐火时间。

2　耐火标准参见 EN 13501-2《建筑制品及构件对火反应燃烧分级》；加强型保护见全球工厂认同标准 3990 或等同标准。

3　对于变压器硅橡胶绝缘的套管应留出足够的可周期性清扫的空间，以防止沉积的大气污染造成的火灾危险及电气事故。

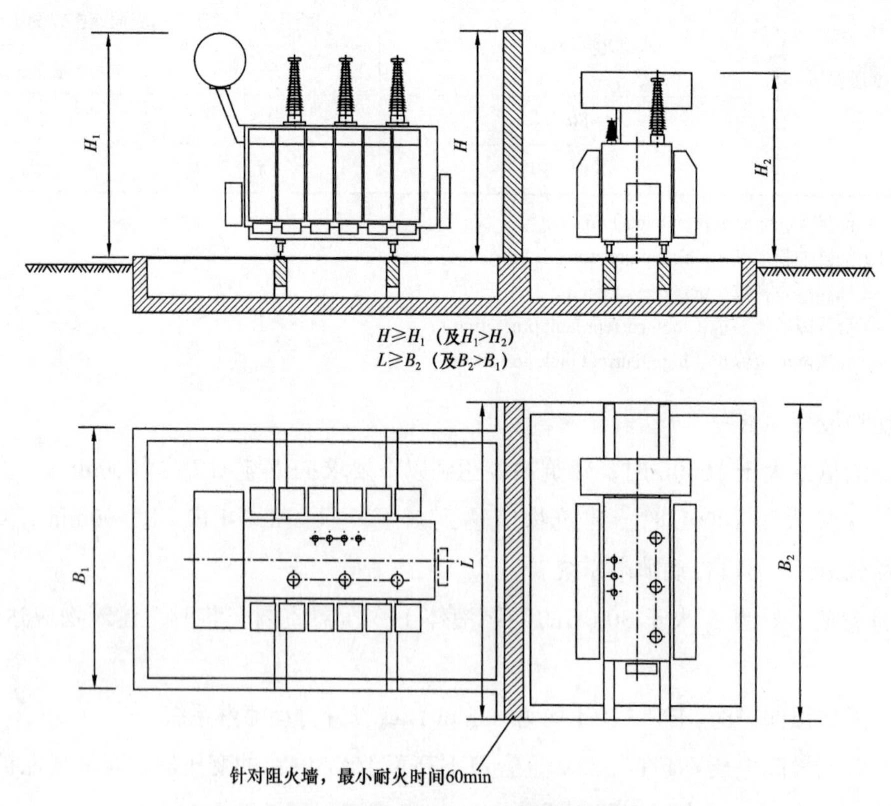

图 2-16　变压器之间的隔墙高度

干式变压器对建筑物的要求如下：

（1）变压器防火等级为 IEC 60076-11《干式变压器》规定的 F0 时：EI 与 REI 均为 60min；或水平间距不低于 0.9m，垂直间距不低于 1.5m。

（2）变压器防火等级为 IEC 60076-11 规定的 F1 时，墙体需要采用非燃材料。

变压器之间的隔墙、变压器与建筑物非燃材料墙体表面之间的距离 G_1 与 G_2、变压器与建筑物易燃墙体表面之间的距离 G_1 与 G_2 如图 2-17 和图 2-18 所示。

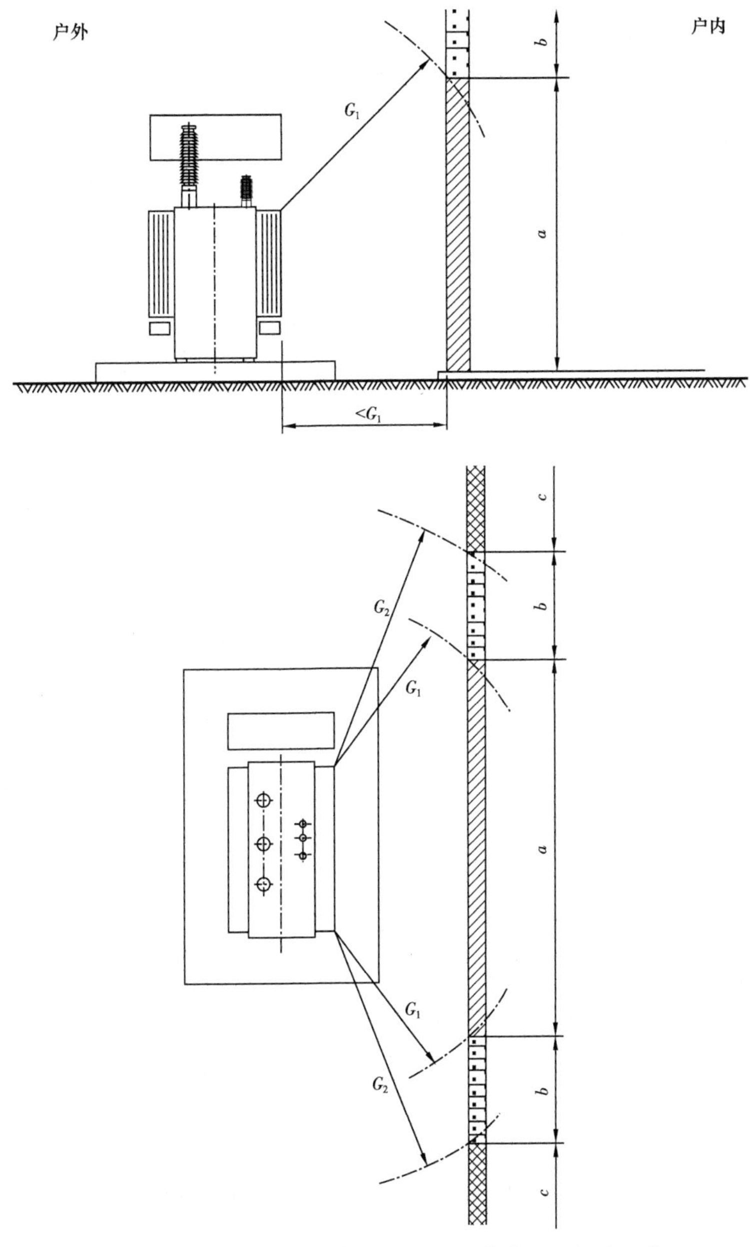

图 2-17　变压器与建筑物非燃材料墙体表面之间的距离

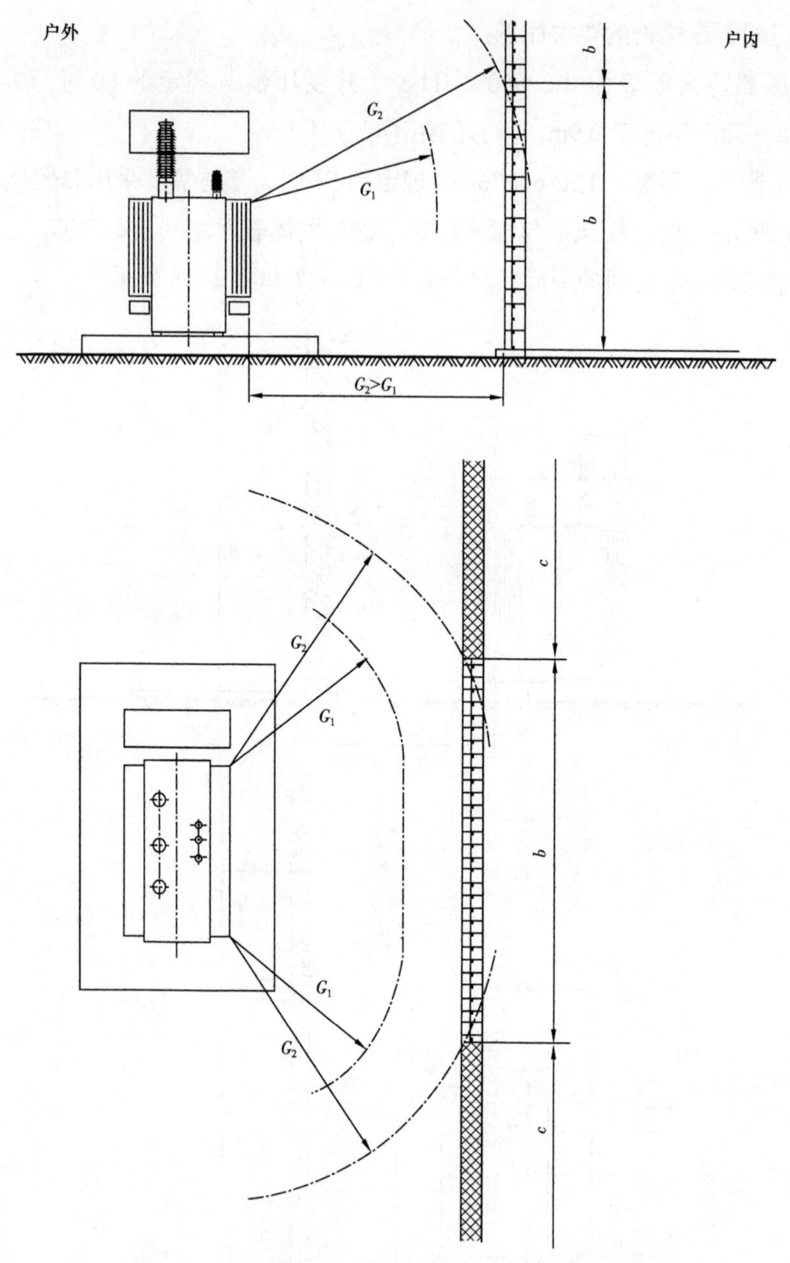

图 2-18　变压器与建筑物易燃墙体表面之间的距离

图 2-17 和图 2-18 中，G_1 与 G_2 的大小参见表 2-21 与表 2-22。*a* 段墙体的最小设计耐火时间为 90min（REI 90）；*b* 段墙体为不燃材料；*c* 段墙体无防火要求。

3. IEEE 979 相关规定

IEEE 979《变电站防火指南》（Guide for Substation Fire Protection）规定的矿物油绝缘设备之间的距离见表 2-23，表 2-23 中规定的距离基于设备外边缘。

表 2-23　变压器之间的距离

绝缘油，L（gal）	间距，m（ft）
<1890（500）	①
1890～18930（500～5000）	7.6（25）
>18930（5000）	15.2（50）

① 确定小于 1890L 的油浸变压器间距应考虑以下情况：
——设备的油量；
——油泄漏的尺寸（表面积或深度）；
——临近构筑物；
——容量及套管类型；
——消防系统设置；
——保护清除时间。

IEEE 979、国内标准及 IEC 61936-1 比较，主要区别如下：

（1）IEEE 979 规定的防火间距一般情况下比国内标准严格。

（2）IEEE 979 规定的最大防火间距为 15.2m，而 IEC 61936-1 规定的最大间距为 30m。

（3）IEEE 979 规定如果防火间距不满足表 2-23 的要求，则应在设备间设置防火墙，防火墙的耐火时间不低于 2h，这个与国内标准规定的 4h 差别较大。

总而言之，海外电气工程设计应特别注意变压器防火规范的采标，另需注意工程项目标书中当地政府对防火规范的采标要求，原则上需遵照工程招标文件的要求。

第七节　其他变配电安全设计要点

一、五防保护

国内对开关设备有强制规定，为确保人身和设备安全，对电气设备（高压开关柜）应具备五种防误操作功能（简称“五防”），这是国内电力安全的重要措施之一。而在中国石油海外油田项目中，很多国家及地区针对电气系统并无明确的“五防”概念，而实际生产运行过程中，“五防”是非常重要的安全保障因素，值得在海外电气类项目中推广。

1. GB 50060 相关规定

GB 50060《35～110kV 高压配电装置设计规范》对“五防”有具体规定。

35kV及以下电压等级的配电装置宜采用金属封闭开关设备，金属成套开关设备应具备下列功能：

（1）防止误分、误合断路器；

（2）防止带负荷拉合隔离开关；

（3）防止带电挂接地线（合接地开关）；

（4）防止带接地线关（合）断路器（隔离开关）；

（5）防止误入带电间隔。

2. IEC 62271-200 相关规定

IEC 62271-200《额定电压1kV及以上、52kV及以下的交流金属封闭开关设备和控制设备标准》（AC metal-enclosed switchgear and controlgear for rated voltages above 1kV and up to and including 52kV）对中压柜主回路的强制联锁有一些强制规定。

（1）中置柜：

① 断路器的抽出与推入必须在分位。

② 断路器仅可以在以下位置操作：工作、分闸、抽出、试验及接地位置。

③ 断路器满足下面情况方可合闸：与自动分闸相关的辅助回路都已接好。

④ 断路器合位的时候不允许断开辅助回路。

（2）带隔刀的铠装柜：

① 操作隔刀时，断路器应在分位，但是在双母线柜中，要求不间断进行负荷转移时，此要求可忽略。

② 安装于主回路的，当误操作可能导致损毁，或者在维护操作时提供安全隔离距离的电器应提供“locking facilities”，如挂锁。

注：这里参照国内对五防的定义对IEC 62271-200这一部分选择性地翻译了有相关性的一部分，如需完整理解此部分请参考原规范。

二、相色与相序

（1）国家标准GB 50060《3～110kV高压配电装置设计规范》和行业标准DL 5352《高压配电装置设计规范》对各动力电源的相色进行了规定。

GB 50060规定：

配电装置各回路的相序排列宜一致。可按面对出线，自左至右、由远而近、从上到下的顺序，将相序排列为A、B、C。

屋内硬导体及屋外母线桥应有相色标志，A、B、C相色标志应分别为黄、绿、红三色。对于扩建工程，应与原有配电装置相序一致。

（2）Q/GDW 11162《变电站监控系统图形界面规范》对变电站监控系统的界面颜色进行了定义，见表 2-24，如果实际项目无特殊要求，该标准可作为参考。

表 2-24　监控系统图形界面色标

电压等级	颜色	红色（R）	绿色（G）	蓝色（B）
1000kV	中蓝（blue）	0	0	225
750 kV	橙色（orange）	250	128	10
500 kV	红色（red）	250	0	0
330 kV	亮蓝（brightblue）	30	144	255
220 kV	紫色（purple）	128	0	128
110 kV	朱红（vermeil）	240	65	85
66 kV	橙黄（gold）	255	204	0
35 kV	鲜黄（yellow）	255	255	0
20 kV	梨黄（brown）	226	172	6
10 kV	浅绿（lightgreen）	0	210	0
6 kV	深蓝（darkblue）	0	0	139
0.4 kV	黄褐（tan）	210	180	140
背景色	黑色（black）	0	0	0
设备失电颜色	暗灰色（darkgray）	128	128	128
设备接地	灰色（gray）	160	160	164
未投运及远期接线	亮灰色（lightgray）	192	192	192

（3）DL 5136《火力发电厂、变电站二次接线设计技术规程》对电气系统的模拟母线及小母线的颜色进行了定义，见表 2-25 和表 2-26。

（4）BS 7671《电气安装要求：IET 接线规则》（Requirements for Electrical Installations：IET Wiring Regulations）对交流电气系统、直流系统、控制系统的相色分别进行了定义，见表 2-27。如交流三相系统的 L1/2/3 相色分别是棕、黑、灰，与国内典型做法差别较大。

（5）IEC 60445《人机界面的基本安全原则、标志和标识　设备端子、导体端子和导体》（Basic and Safety Principles for Man-machine Interface，Making and Indentification—Identification of Equipment Terminals Conductor Terminations and Conductors）对交流系统的相色定义为 L1/2/3（导体）和 U/V/W（端子）为黑、棕、灰，这与国内标准的黄、绿、红不一致，与 BS 7671 颜色一致，但相序不同，实际使用中应注意。IEC 60445 对色标的规

定见表 2-28。

（6）GB 7947—2010《人机界面标志标识的基本和安全规则　导体颜色或字母数字标识》与 IEC 60446 等同，但是 IEC 60446 已经作废，被 IEC 60445 代替。由于 GB 是强制执行标准，但 IEC 规定的色标与目前的系统相色标识不一致，国家标准公告 2017 年第 7 号对 GB 7947—2010 增加了说明，该标准不再强制执行，标准代号由 GB 改为 GB/T，标准顺序号和年代号不变。

表 2-25　模拟母线色标

序号	电压等级，kV	颜色
1	直流	棕
2	交流 0.10	浅灰
3	交流 0.23	深灰
4	交流（0.40）	赭黄
5	交流 3	深绿
6	交流 6	深酞蓝
7	交流 10	铁红
8	交流 13.8	淡绿
9	交流 15.75	中绿
10	交流 18	粉红
11	交流 20	铁黄
12	交流 35	柠黄
13	交流 63	橘黄
14	交流 110	朱红
15	交流（154）	天酞蓝
16	交流 220	紫红
17	交流 330	白
18	交流 500	淡黄

注：1　本表为行业标准 JB/T 5777.2—2002《电力系统二次电路用控制及继电保护屏（柜、台）通用技术条件》中规定的色别；

2　模拟母线的宽度宜为 12mm；

3　励磁系统的直流回路模拟母线的色别同序号 1；

4　变压器中性点接线的模拟母线的色别为黑色；

5　交流 750kV（1000kV）暂按中蓝色；

6　括号内电压等级为非标准电压值。

表 2-26 小母线色标

符号	名称	颜色
+KM	控制小母线（正电源）	红
-KM	控制小母线（负电源）	蓝
+XM	信号小母线（正电源）	红
-XM	信号小母线（负电源）	蓝
（+）SM	闪光小母线	红色，间绿
YMa	电压小母线（A 相）	黄
YMb	电压小母线（B 相）	绿
YM	电压小母线（C 相）	红
YMN	电压小母线（零线）	黑

表 2-27 BS 7671 对色标的规定

功能（function）	字符	颜色（colour）
保护导体（protective conductors） 功能接地导体（functional earthing conductor）		黄绿相间（green-and-yellow cream）
交流回路（a.c. power circuit）		
相线（phase of single-phase circuit）	L	棕色（brown）
中性线（neutral of single- or three-phase circuit）	N	蓝色（blue）
三相回路的第 1 相（Phase 1 of three-phase a.c. circuit）	Li	棕色（brown）
三相回路的第 2 相（Phase 2 of three-phase a.c. circuit）	L2	黑色（black）
三相回路的第 3 相（Phase 3 of three-phase a.c. circuit）	L3	灰色（grey）
两相不接地的直流系统（two-wire unearthed d.c. power drcuit）		
两相中的正极（positive of two-wire circuit）	L+	棕色（brown）
两相中的负极（negative of two-wire circuit）	L-	灰色（grey）
两相接地的直流回路（two-wire earthed d.c. power circuit）		
正极（负极接地）[positive（of negative earthed）circuit]	L+	棕色（brown）
负极（负极接地）[negative（of negative earthed）circuit]	U	蓝色（blue）
正极（正极接地）[positive（of positive earthed）circuit]	U	蓝色（blue）
负极（负极接地）[negative（of positive earthed）circuit]	L-	灰色（grey）

续表

功能（function）	字符	颜色（colour）
三线直流回路（three–wire d.c. power circuit）		
由三线系统衍生出来的两线回路的外正极（outer positive of two–wire circuit derived from three–wire system）	L+	棕色（brown）
由三线系统衍生出来的两线回路的外负极（outer negative of two–wire circuit derived from three–wire system）	L–	灰色（grey）
三线回路的正极（positive of three–wire circuit）	L+	棕色（brown）
三线回路的中线（mid–wire of three–wire circuit）	M	蓝色（blue）
三线的负极（negative of three–wire circuit）	L–	灰色（grey）
控制回路，超低压及其他应用（control drcuits，ELV and other applications）		
相导线（phase conductor）	L	棕色（brown），黑色（black），红色（red），橙色（orange），黄色（yellow），紫色（violet），灰色（grey），白色（white），粉色（pink）或蓝绿色（turquoise）
中性线或中线（neutral or mid–wire）	N 或 W	蓝色（blue）

表 2–28　IEC 60445 对色标的规定

导体和端子（conductors and terminals）	导体和端子的标识（identification of conductors and terminals by）			
	字母标识（alpha numeric notations）		颜色（colour）	
	导体（conductors）	端子（terminals）		
交流导体（AC conductors）	AC	AC	—	
相线 1（Line 1）	L1	U	黑色	BK
相线 2（Line2）	L2	V	棕色	BR
相线 3（Line3）	L3	W	灰色	GR
中点线（mid–point conductor）	M	M	蓝色	BU
中性线（neutral conductor）	N	N		
直流导体（DC conductors）	DC	DC	—	
正极（positlve）	L+	+	红色	RD
负极（negative）	L–	–	白色	WH
中点导体（mid–point conductor）	M	M	蓝色	BU
中性线（neutral conductor）	N	N		

续表

<table>
<tr><th rowspan="3">导体和端子（conductors and terminals）</th><th colspan="4">导体和端子的标识（identification of conductors and terminals by）</th></tr>
<tr><th colspan="2">字母标识（alpha numeric notations）</th><th colspan="2" rowspan="2">颜色（colour）</th></tr>
<tr><th>导体（conductors）</th><th>端子（terminals）</th></tr>
<tr><td>保护导体（protective conductor ）</td><td>PE</td><td>PE</td><td>黄绿相间</td><td>GNYE</td></tr>
<tr><td>PEN 导体（PEN conductor）</td><td>PEN</td><td>PEN</td><td rowspan="3">黄绿相间蓝色</td><td rowspan="3">GNYE BU</td></tr>
<tr><td>PEL 导体（PEL conductor）</td><td>PEL</td><td>PEL</td></tr>
<tr><td>PEM 导体（PEM conductor）</td><td>PEM</td><td>PEM</td></tr>
<tr><td>保护绑扎导体（protective bonding conductor）</td><td>PB</td><td>PB</td><td rowspan="3">黄绿相间</td><td rowspan="3">GNYE</td></tr>
<tr><td>接地（earthed ）</td><td>PBE</td><td>PBE</td></tr>
<tr><td>非接地（unearthed ）</td><td>PBU</td><td>PBU</td></tr>
<tr><td>功能性接地导体（functional earthing conductor）</td><td>FE</td><td>FE</td><td>粉色</td><td>PK</td></tr>
<tr><td>功能性绑扎导体（functional bonding conductor）</td><td>FB</td><td>FB</td><td colspan="2">无建议</td></tr>
</table>

三、蓄电池

1. 蓄电池与机柜的设置

DL/T 724《电力系统用蓄电池直流电源装置运行与维护技术规程》规定镍镉电池 40A·h 及以下、阀控蓄电池 300A·h 及以下时，电池可置于柜内。

DL/T 5044《电力工程直流电源系统设计技术规程》规定以下几种情况下设置单独的蓄电池室：

（1）阀控密封铅酸蓄电池 300A·h 及以上。

（2）固定型排气式铅酸蓄电池。

（3）100A·h 以上中倍率镍镉碱性蓄电池。

2. 蓄电池防爆设计

（1）GB 50058《爆炸危险环境电力装置设计规范》规定：

① 当含有可充电镍—镉或镍—氢蓄电池的封闭区域具备蓄电池无边气门，其总体积小于该封闭区域容积的 1%，并在 1h 放电率下蓄电池的容量小于 1.5A·h 等条件时，可按照非危险区域考虑。

② 当含有除上一项之外的其他蓄电池的封闭区域具备蓄电池无通气口，其总体积小于该封闭区域容积的 1% 或蓄电池的充电系统的额定输出小于或等于 200W，并采取了防止不适当过充电的措施等条件时，可按照非危险区域考虑。

③ 含有可充电蓄电池的非封闭区域，通风良好，该区域可划为非危险区域。

④ 当所有的蓄电池都能直接或者间接地向封闭区域的外部排气，该区域可划为非危险区域。

⑤ 当配有蓄电池、通风较差的封闭区域具备至少能保证该区域的通风情况不低于满足通风良好条件的 25% 及蓄电池的充电系统有防止过充电的设计时，可划为 2 区，当不满足此条件时，可划为 1 区。

（2）API RP 505《1 类、0 区、1 区和 2 区石油设施电气设备区域划分推荐做法》（Recommended Practice for Classification of Locations for Electrical Installations at Petroleum Facilities Classified as Class I，Zone 0，Zone 1，and Zone 2）对蓄电池室进行爆炸危险区域划分的原则如下：

① 装有不可充电蓄电池的区域，不必因为蓄电池的存在要求区域划分。

② 装有充电蓄电池的封闭区域，如果蓄电池满足以下条件，则不必仅因为存在蓄电池而进行区域划分。

（a）没有通风口；

（b）是镍—镉或者镍—氢类型；

（c）总体积少于封闭区域有效空间的 1%；

（d）1h 放电量不超过 1.5A·h 的。

注：对于区域划分，蓄电池排气口包括排放装置，如在阀控铅酸（VRLA）蓄电池开放大气的阀。

③ 对于包含充电蓄电池的封闭区域，如果蓄电池满足以下条件，则不必仅因为存在蓄电池而进行区域划分。

（a）没有通风口；

（b）总体积少于封闭区域有效空间的 1%，或充电系统额定输出不大于 200W，并有避免由于疏忽而过度充电的措施。

④ 包含蓄电池但通风充分的非封闭区域无须划分。

⑤ 如果所有的蓄电池都直接或间接与封闭区域外通风，那么包含有充电蓄电池的封闭区域无须划分。

（3）壳牌公司的 DEP 33.64.10.10《电气设计技术规格书》（Electrical Engineering Design）对蓄电池室是否独立设置的技术规定如下：

① 排气式蓄电池总容量超过 20000V·A·h 时，设置专用的独立电池室。

② 排气式蓄电池总容量不超过 20000V·A·h 时，不需设置独立电池室。

③ 阀控蓄电池不论多大容量，均不需考虑设置独立电池室。

四、漏电保护

1. 漏电开关极数问题

JGJ 16《民用建筑电气设计规范》规定：当装设剩余电流动作保护电器时，应能将其所保护的回路所有带电导体断开。N 线属于带电导体，如使用漏电开关，则 N 极必须断开，所以漏电开关的极数总结如下：

（1）单相馈线回路：2P（L+N）；

（2）三相电动机回路：3P（L1+L2+L3）；

（3）三相普通馈线回路：4P（L1+L2+L3+N）。

2. 漏电保护电流 $I_{\Delta n}$ 的确定

如果配电线路较长，配置漏电开关是否能使用常用的 30mA 需要通过相应的计算来确定，依据线路和设备的漏电电流来确定 $I_{\Delta n}$。

《工业及民用配电设计手册》（第四版）规定馈线漏电断路器（RCD）的 $I_{\Delta n}$ 应大于正常泄漏电流的 2 倍。电源侧 RCD 的最小不动作时间应大于负荷侧 RCD 的总动作时间；电源侧 RCD 的 $I_{\Delta n}$ 应至少为负荷侧 RCD 的 $I_{\Delta n}$ 的 3 倍。

常用的泄漏电流见表 2–29、表 2–30 和表 2–31。

表 2–29　220/380V 单相及三相线路穿管敷设电线泄漏电流参考值（mA/km）

绝缘材质	导线截面积，mm²												
	4	6	10	16	25	35	50	70	95	120	150	185	240
聚氯乙烯	52	52	56	62	70	70	79	89	99	109	112	116	127
橡皮	27	32	39	40	45	49	49	55	55	60	60	60	61
聚乙烯	17	20	25	26	29	33	33	33	33	38	38	38	39

表 2–30　电动机的泄漏电流参考值

电动机额定功率，kW	1.5	2.2	5.5	7.5	11	15	18.5	22	30	37	45	55	75
正常运行的漏电电流，mA	0.15	0.18	0.29	0.38	0.50	0.57	0.65	0.72	0.87	1.00	1.09	1.22	1.48

表 2-31 常用电器的泄漏电流参考值

设备名称	泄漏电流，mA
计算机	1～2
打印机	0.5～1
小型移动式电器	0.5～0.75
电传复印机	0.5～1
复印机	0.5～1.5
滤波器	1
荧光灯安装在金属构件上	0.1
荧光灯安装在非金属构件上	0.02

注：计算不同电器总泄漏电流需按 0.7/0.8 的因数修正。

第三章
海外油田地面工程输电线路设计安全分析

海外油田地面工程随着生产的发展，各个站场用电需求量逐日增加，生产部门对电力供应的要求越来越严格，已不仅仅满足于充足的电力，安全的供电系统也随之受到生产部门的重视，关注的焦点都集中于输电线路的安全运行。输电线路作为海外油田电力系统中的核心组成部分，决定了电网系统的运行稳定性，其中设计本质安全、环境气象条件及人为破坏都对系统的可靠性产生重大的影响。

本章从输电线路的安全系数选择、防雷接地及线路的安全防护等与本质安全有关的环节入手，介绍输电线路设计安全。

第一节　输电线路安全系数

一、设计中安全系数的选择

架空输电线路的安全系数是工程结构设计方法中用以反映线路及构架结构安全程度的系数。安全系数的确定需要考虑荷载、材料的力学性能、试验值和设计值与实际值的差别、计算模式和施工质量等各种不确定性。

安全系数涉及工程的经济效益及结构破坏可能产生的后果，如生命财产和社会影响等诸因素。在架空输电线路的设计过程中，安全系数主要涉及导地线运行张力、金具及绝缘子强度、杆塔结构、基础受力等重要方面，是线路设计和运维安全的重要参数。

1. 金具及绝缘子机械强度安全系数

绝缘子串的链接方式确定以后，就要对绝缘子和金具进行选型，确定对应金具的机械破坏荷载。机械破坏荷载是指在规定的实验条件下，绝缘子串元件实验时能够达到的最大荷载（实验条件：绝缘子串元件应逐个加工频电压，并同时在金属附件之间施加拉伸荷载，实验中保持该电压）。

绝缘子和金具所采用的金属材料与机构零件所采用的材料相似，机构零件设计采用的设计方法是安全系数设计法，因此在进行绝缘子和金具安装设计时，也要采用安全系数设计法。

实际应用的绝缘子分很多种，不同的绝缘子有不同的使用环境和条件，对于不同的绝缘子，它们的安全系数也不同。在进行线路金具选型的时候，根据线路的电压等级和重要性，选择合适的绝缘子和金具，不但能保证自身的安全，还能使整个杆塔的安全性得到保证。

针式绝缘子和瓷横担绝缘子常用于电压等级 10kV 及以下的直线杆，安装简单，而且造价较低。

蝶式绝缘子一般用于耐张塔和 10kV 及以上的直线杆，虽然造价较高，但更加安全。在通过污秽严重地区时，还应考虑采用防污绝缘子、复合绝缘子等方式，加强线路的绝缘。

33kV 及以上的线路应采用悬垂绝缘子串，在单一绝缘子出现损坏时，可保证线路不停电，减小停电时间，还能在出现断线时通过绝缘子串偏转减小导线张力，保证杆塔的安全。

绝缘子和金具的机械强度设计见式（3–1）：

$$KF<F_n \tag{3-1}$$

式中 K——机械强度安全系数；

F——设计荷载，kN；

F_n——悬式绝缘子的机械破坏荷载或针式绝缘子、瓷横担绝缘子的受弯破坏荷载或蝶式绝缘子、金具的破坏荷载，kN。

我国国标对绝缘子和金具的安全系数规定见表 3–1。

表 3–1 绝缘子及金具的安全系数

类型	安全系数	
	运行工况	断线工况
悬式绝缘子	2.7	1.8
针式绝缘子	2.5	1.5
蝶式绝缘子	2.5	1.5
瓷横担绝缘子	3	2
金具	2.5	1.5

海外油田地面工程中同样采用安全系数进行绝缘子和金具的设计和选择，但不同的国家，采用的安全系数并不相同，主要原因是地理条件不同、自然环境不同、设计理念不同，最终导致在绝缘子和金具的安全系数选择上出现了较大的差异。设计人员在进行海外项目时应充分了解当地的自然条件，并查阅设计输入文件中有无绝缘子和金具的安全系数的规定，切忌将国内标准应用到所有国际项目上。一旦设计完成，再更换绝缘子和金具，不但费用高昂，而且施工难度较大。

其他国家的安全系数见表 3–2。

表 3–2　各国绝缘子和金具的安全系数

国名	标准编号	强度设计方式	安全系数（最大允许荷载）		备注
			绝缘子	金具	
美国	NESC（1977）	A	2.0～2.5	—	按加荷性质分别使用
	B.P.A	B	（100%RUS）	—	
加拿大	CSA–C223（1970）	A	2.0	—	
	Ontario Hydro	B	（60%，85%RUS）	（60%，85%RUS）	按加荷性质分别使用
	Hydro Quebec	B	（70%RUS）	—	
法国	技术标准（1970）	A	3.0	—	
	EdF	B	（60%RUS）	（60%RUS）	覆冰
西德	VDE0210（1969）	A	3.0～3.6	2.5～5.0	按绝缘子种类、金具材质不同分别使用
瑞典	SEN–3601（1961）	A	2.0～3.0	2.0	按绝缘子不同分别使用
苏联	（1985）	A	2.7	2.5	
日本	JEAC6001（1978）	A	2.5	2.5	

近些年非洲的项目当时主要依据国内标准进行设计，而进入中东市场后，有些业主在招标文件（ITB）内已经对绝缘子和金具的安全系数做了规定，这时候就要求设计人员严格遵守 ITB 要求。

海外油田地域分布较广，具有不同的自然环境和运维条件，绝缘子的型式选择也要结合不同运维环境要求，如中亚寒冷地区不宜使用合成绝缘子，非洲高温地区不宜选用瓷绝缘子及合成绝缘子，在这些地区，玻璃钢绝缘子最为常用。

2. 导地线安全系数

导线在线路设计中是最重要的部分，设计的目标就是让导线能够安全地把电能送到用电点。导线的安全同样分两个方面：首先，导线要保证自身的安全，保证自身强度和载流量必须满足要求；其次，导线要保证对其他人员和障碍物的安全，也就是要满足安全间距。

导线的强度安全系数是指为使运行中的导线有一定的强度安全裕度，即导线的瞬时拉断力与导线在弧垂最低点最大使用拉力之比，或导线的瞬时破坏应力与弧垂最低点最大使用应力之比，简称“安全系数”。导线安全系数的选择直接关系到输电线路的安全及经济运行。设计规程规定导线的安全系数 K 不小于 2.5。

在稀有风速或稀有覆冰气象条件时，弧垂最低点的最大张力不应超过拉断力的 60%。悬挂点的最大张力不应超过拉断力的 66%。

避雷线多采用钢线，易腐蚀，其设计安全系数宜大于导线的设计安全系数。海外油田大部分项目中采用 OPGW，其组成与钢芯铝绞线相似，因此在选择安全系数时，应从弧垂、张力等方面进行搭配，选择合适的安全系数。但 OPGW 的安全系数宜大于或等于导线的安全系数。

设计中，导地线安全系数的选取见表 3-3。

表 3-3　导线和地线的安全系数

种类		断线张力（最大使用张力的百分数），%		
		混凝土杆 钢管杆	拉线塔	自立塔
地线		15～20	30	50
导线	截面 95mm² 及以下	30	30	40
	截面 120～185mm²	35	35	40
	截面 210mm² 及以上	40	40	50

3. 风荷载计算中的系数

风荷载是导线承受的主要的外部荷载。

风向与线路垂直情况的导线与地线风荷载的标准值应按式（3-2）计算：

$$W_x = \alpha U_s d L_w W_o \tag{3-2}$$

式中 W_x——导线或地线风荷载的标准值，kN；

α——风荷载挡距系数；

d——导线或地线覆冰后的计算外径之和（对分裂导线，不应考虑线间对屏蔽影响），m；

U_s——风荷载体型系数，当 d<17mm 时取 1.2，当 d≥17mm 时取 1.1，覆冰时取 1.2；

L_w——风力挡距；

W_o——基准风压标准值。

在进行计算时，风速应采用10min 10m高的平均风速，但由于世界各地的气象部门能够提供的参考数据不尽相同，在很多情况下需自行转换。根据建筑结构荷载规范，各个风速时距的转换系数见表3-4。

表3-4 风速转换系数

风速时距	1h	10min	5min	2min	1min	30s	20s	10s	5s	3s	瞬时
转换系数	0.94	1	1.07	1.16	1.20	1.26	1.28	1.35	1.39	1.42	1.50

4. 杆塔结构件设计中的安全系数

1）我国标准铁塔结构计算

我国标准中，极限状态设计表达式采用荷载标准值、材料性能标准值、几何参数标准值及各种分项系数等表达。

见式（3-3）：

$$\gamma_o\left(\gamma_G S_{GK} + \psi \sum \gamma_{Qi} S_{QiK}\right) \leqslant R \tag{3-3}$$

式中 γ_o——杆塔结构重要性系数，重要线路不应小于1.1，临时线路取0.9，其他线路取1.0；

γ_G——永久荷载分项系数，对结构受力有利时不大于1.0，不利时取1.2；

γ_{Qi}——第i项可变荷载的分项系数，取1.4；

S_{GK}——永久荷载标准值的效应；

S_{QiK}——第i项可变荷载标准值的效应；

ψ——可变荷载组合系数，正常运行取1.0，事故、安装及不均匀冰取0.9，验算取0.75；

R——结构构件的抗力设计值。

2）美国标准铁塔结构计算

见式（3-4）：

$$\phi R_n > [DL\text{和 } \gamma Q_{50}] \tag{3-4}$$

式中 ϕ——材料强度因子（由构件可靠性因子LEL确定，当LEL= 0.1时ϕ = 1.0，当LEL=2时ϕ = 0.95，当LEL = 20时ϕ = 0.90，当LEL=50时ϕ = 0.86）；

R_n——构件的公称屈服强度；

DL——永久载荷；

γ——施加到载荷效应 Q_{50} 时的载荷因子；

Q_{50}——50a 重现期的设计荷载值。

相比之下，美国标准规定构件设计强度应取毛截面屈服和净截面拉断两种极限状态得到的两个值中的较小值；而我国标准则按净截面屈服进行计算，偏于安全。

5. 输电线路基础形式和安全系数

输电线路的基础主要是为了保证杆塔的稳定性，无论在哪种极限工况下，都要保证杆塔屹立不倒，从而为输电线路提供稳固的支撑。

1）基础形式的确定

输电线路基础形式的确定需要根据杆塔形式、沿线地形、工程地质、水文，以及施工运输条件等进行综合考虑，具体选择应以土建专业为主，电气专业辅助完成。

基础分类如下：

（1）大开挖类基础；

（2）掏挖扩底基础；

（3）爆扩桩基础；

（4）岩石锚桩基础；

（5）钻孔灌注桩基础；

（6）倾覆基础。

海外油田地面工程架空输电线路大开挖类基础、掏挖扩底基础及钻孔灌注桩基础最为常用。

2）基础设计中安全系数的选择

基础设计中的安全系数分两种：一是上拔和倾覆设计安全系数，二是强度设计安全系数。在项目设计过程中，应由电气专业将主要荷载提供给土建专业，由土建专业进行相关安全系数的选取，确保系数的有效性和基础的经济性。安全系数具体见表 3–5 和表 3–6。

表 3–5　上拔和倾覆设计安全系数

杆塔类型	上拔稳定		倾覆稳定
	土重	基础自重	
直线型	1.6	1.2	1.5
悬垂转角耐张塔	2.0	1.3	1.8
转角终端大跨越	2.5	1.5	2.2

表 3-6 强度设计安全系数

结构形式	受力特征	强度设计安全系数
素混凝土结构	按抗压强度计算的受压构件，局部承压	1.7
	按抗压强度计算的受压，受力构件	2.7
钢筋混凝土结构	偏心受拉（压），受弯，受扭，局部承压	1.7
	受冲切	2.2

二、输电线路安全距离

1. 安全间距及间隙圆校验

送电线路的绝缘配合应使线路能在工频电压、操作过电压、雷电过电压等各种条件下安全可靠地运行。根据杆塔对地的安全间距绘制的间隙圆图，是常用的检验手段。间隙圆以导线轴心为圆心，以导线半径、安全间距、裕度为半径，将塔头元件、偏转角度等资料绘制到一张简单的间隙圆图中，只要杆塔元素在切塔线之外，就能保证杆塔间隙是满足要求的，如图 3-1 所示。

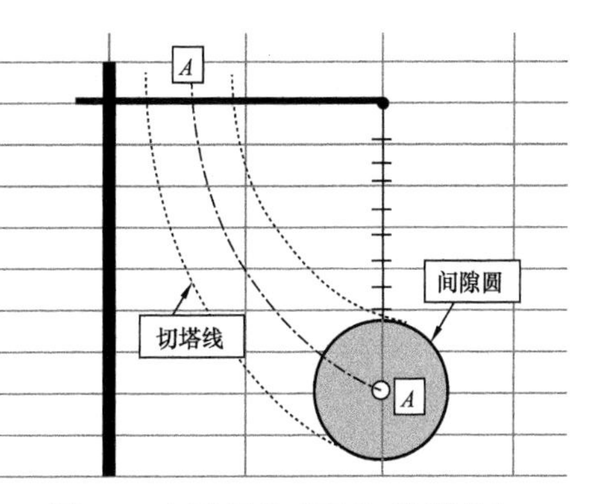

图 3-1　间隙圆移动形成“切塔线”

间隙圆看似简单，但却是线路设计中不可缺少的校验方法，简单且有效，能够使导线和不带电部分的距离一目了然，如需要带电检修，还可将人员活动范围增加到间隙圆中。无论是单回路杆塔、双回路杆塔，还是复杂的四回路杆塔，都应进行间隙圆校验。

2. 导线和各种障碍物之间的安全间距

1）垂直安全间距和水平安全间距

导线与障碍物间的安全间距分为垂直安全间距和水平安全间距。

垂直安全间距决定了导线的最低 / 最高高度，在设计杆塔时起到决定性作用。而水平安全间距，更多的时候是在选择路径时需要注意。导线和各种障碍物之间的安全间距见表 3-7 至表 3-11。

2）杆塔设计中的带电检修间距

在需要带电检修的杆塔设计中，需要考虑检修间距，距离见表 3-12。

表 3-7　导线与地面的最小距离

线路经过区域	最小距离，m 线路电压，kV		
	3 以下	3～10	35～66
人口密集地区	6.0	6.5	7.0
人口稀少地区	5.0	5.5	6.0
交通困难地区	4.0	4.5	5.0

表 3-8　导线与山坡、峭壁、岩石之间的最小距离

线路经过地区	最小距离，m 线路电压，kV		
	3 以下	3～10	35～66
步行可到达的山坡	3.0	4.5	5.0
步行不能到达的山坡、峭壁、岩石	1.0	1.5	3.0

表 3-9　导线与建筑物之间的最小垂直距离

线路电压，kV	3 以下	3～10	35	66
距离，m	3.0	3.0	4.0	5.0

表 3-10　边导线与建筑物间的最小距离

线路电压，kV	3 以下	3～10	35	66
距离，m	1.0	1.5	3.0	4.0

表 3-11　导线与树木之间的最小垂直距离

线路电压，kV	3 以下	3～10	35～66
距离，m	3.0	3.0	4.0

表 3-12　带电作业带电部分对杆塔与接地部分的校验间隙

电压等级，kV	安全间距，m	备注
≤10	0.7	非洲、中亚、中东、欧洲地区，考虑到人种的高大化，检修间距应适当放大
20，35	1.0	
66，110	1.5	
220	3.0	

3）导线相间最小距离

导线的相间距离应按下列要求并结合运行经验确定，对 1000m 以下挡距水平相间距离宜按式（3-5）计算：

$$D = 0.4L_kU + f_C \quad (3-5)$$

式中 D——导线水平相间距离，m；

L_k——悬垂绝缘子串长度，m；

U——送电线路标称电压，kV；

f_C——导线最大弧垂，m。

导线垂直排列的垂直线间距离宜采用式（3-5）计算结果的 75%，使用悬垂绝缘子串的杆塔，其垂直线间距离不宜小于表 3-13 所列数值。

表 3-13　悬垂绝缘子串杆塔的最小垂直线间距离

标称电压，kV	110	220	330	500
垂直线间距离，m	3.5	5.5	7.5	10.0

覆冰地区上下层相邻导线间或地线与相邻导线间的水平偏移（如无运行经验）不宜小于表 3-14 所列数值。

表 3-14　上下层相邻导线间或地线与相邻导线间的水平偏移

标称电压，kV		110	220	330	500
水平偏移，m	设计冰厚 10mm	0.5	1.0	1.5	1.75
	设计冰厚 15mm	0.7	1.5	2.0	2.5

设计冰厚 5mm 地区上下层相邻导线间或地线与相邻导线间的水平偏移可根据运行经验适当减少；在重冰区，导线应采用水平排列地线与相邻导线间的水平偏移数值，宜在表 3-14 中设计冰厚 15mm 栏内的数值上至少增加 0.5m。

第二节　输电线路防雷接地

海外油田地面工程运行经验表明，雷击是架空输电线路跳闸的主要原因。线路雷击跳闸概率和当地的气象条件关系密切，设计人员务必要调查当地已有的可靠线路的设计理念，调研当地不同季节的雷暴日和等级，避免架空输电线路由于雷击跳闸影响了整体的供电可靠性。

一、雷击及雷暴日

1. 直接雷

在雷击塔顶的主放电阶段，先导通道中的负电荷与杆塔、避雷线及大地中的正电荷迅速中和，形成直击雷电冲击电流。一方面，负极性的雷电冲击波沿着杆塔向下和沿着避雷线向两侧传播，使塔顶电位不断升高，并通过电磁耦合使导线电位发生变化；另一方面，由塔顶向雷云迅速发展的正极性雷电波，引起空间电磁场的迅速变化，又使导线上出现正极性的感应雷电波。作用在线路绝缘子串上的电压为塔顶电位与导线电位之差。这一电压一旦超过绝缘子串的冲击放电电压，绝缘子串就发生闪络。

2. 感应雷

感应雷又称雷电感应，是在雷云接近架空线路上方，线路上因静电感应而聚集大量异性等量束缚电荷，当雷云向其他地方放电后，线路上束缚电荷被释放成为自由电荷向线路两端行进，形成很高过电压。这个高电压沿着架空线路、金属管道会引入室内。据调查统计，供电系统中由于感应雷而造成的雷害事故，在整个雷害事故中占50%～70%。

3. 雷暴日

在海外油田进行防雷设计和采取防雷措施时，必须考虑到该地区的雷电活动情况。某一地区的雷电活动频率，可用该地区的雷暴日或雷暴小时来表示。

当各年雷暴日或雷暴小时变化较大，所以应采用多年的平均值。特殊地区，例如中东某些地区，雷暴日并不高，但集中在一二月份，工程设计时要特别注意此类时间短、数量少但频率高的事件。

国内一般把年平均雷暴日不超过15d的地区叫少雷区，这并不一定完全适用海外油田地面工程的情况，例如上述雷暴日少但非常集中的中东地区，在防雷设计上要因地制宜、区别对待。

二、输电线路的防雷设计

1. 避雷线

输电线路的防雷设计应根据线路的电压负荷的性质和系统运行方式，并结合当地已有线路的运行经验、地区雷电活动的强弱、地形地貌特点及土壤电阻率高低等情况，在计算耐雷水平后，通过技术经济比较采用合理的防雷方式，在本书中不再赘述理论内容。

传统的输电线路防雷设计包括避雷线、避雷器、耦合地线、放大线路绝缘水平等。在国内设计中经常采用的线路避雷器方式避免雷击成果显著，但在海外油田设计中得不到其他国家监理及业主的认可，国际上通用的常规做法还是在线路上增加避雷线。

架设避雷线可将雷电流引导至避雷线后，通过杆塔和接地装置将雷电流引入大地，从而使被保护物体（导线）免遭雷击。同时还可分流经杆塔入地电流，降低塔顶电位；对导线有耦合作用，降低雷击杆塔时绝缘子串上的电压；对导线有屏蔽作用，可降低导线上的感应电压。

海外油田地面工程各级电压的送电线路采用下列保护方式：

（1）对于132kV及以上的线路，因铁塔较高，遭受雷击的概率更大，送电线路宜沿全线架设地线。在设计避雷线时，需要考虑避雷线的保护夹角，保护角应根据雷暴日和线路重要等级进行适当的减小。而对于雷暴日很高，且重要等级高的线路，根据当地规范要求可采用负保护角。

（2）66kV及以下的送电线路宜沿全线架设单地线。在年平均雷暴日数不超过15d或运行经验证明雷电活动轻微的地区可不架设地线，无地线的送电线路宜在变电所或发电厂的进线段架设1～2km地线，保护夹角建议不大于30°。

除了加装避雷线，还有其他一些防雷措施，比如：

（1）装设自动重合闸装置。

（2）局部加装避雷器。

（3）提高线路绝缘水平，降低闪络概率。

（4）降低杆塔接地电阻，提高线路耐雷水平，减少反击概率。

2. 接地电阻

在土壤电阻率小于或等于100Ω·m的潮湿地区，如杆塔的自然接地电阻不大于表3-15的规定，可利用铁塔和钢筋混凝土杆的自然接地（包括铁塔基础及钢筋混凝土杆埋入地中的杆段和底盘、拉线盘等），不必另设人工接地装置，但发电厂变电所的进线端除外。

土壤电阻率在100～300Ω·m的地区，除利用铁塔和钢筋混凝土杆的自然接地外，还应设人工接地装置。接地体埋设深度不宜小于0.6～0.8m。土壤电阻率在300～2000Ω·m的地区，一般采用水平敷设的接地装置，接地体埋设深度不宜小于0.5m。在耕地中的接地体，应埋设在耕作深度以下。民区和水田中的接地装置，包括临时接地装置，宜围绕杆塔基础敷设形成闭合环形。

土壤电阻率大于2000Ω·m的地区，可采用6～8根总长度不超过500m的放射形接地体，或连续伸长接地体。放射形接地体可采用长短结合的方式，接地体埋设深度不宜小于0.3m。连续伸长接地线是沿线路在地中埋设1～2根接地线，并可与下一基塔的杆塔接地装置相连。

在高土壤电阻率地区，当采用放射形接地装置时，如在杆塔基础附近（在放射形接地体每根最大长度的 1.5 倍范围内）有土壤电阻率较低的地带，可部分采用引外接地或者其他措施。

接地体的截面积及断面形状对接地电阻值影响不大，因此，接地体材料规格的选择主要考虑腐蚀及机械强度的需要。国内的接地体材料一般采用钢材，而国外项目中绝大多数采用铜材。

有地线的杆塔应接地。在雷暴日集中的季节，干燥时，每基杆塔不连地线的工频接地电阻不宜大于表 3-15 所列数值；土壤电阻率较低的地区，如杆塔的自然接地电阻不大于表 3-15 所列数值，可不装人工接地体。

表 3-15　有地线的线路杆塔的工频接地电阻

土壤电阻率，Ω·m	100 及以下	＞100～500	＞500～1000	＞1000～2000	＞2000
工频接地电阻，Ω	10	15	20	25	301

注：如土壤电阻率超过 2000Ω·m，接地电阻很难降到 30Ω 时，可采用 6～8 根总长不超过 500m 的放射形接地体或连续伸长接地体。

海外油田地面工程时常地处沙漠偏远地带，土壤电阻率达到 2000Ω·m 以上，则可采取一些其他措施。

（1）利用接地电阻降阻剂。

在接地极周围敷设了降阻剂后，可起到增大接地极外形尺寸、降低与周围大地介质之间的接触电阻的作用，能在一定程度上降低接地极的接地电阻。降阻剂用于小面积的集中接地、小型接地网，其降阻效果较为显著。

电阻降阻剂是由几种物质配制而成的化学降阻剂，是具有良好导电性能的强电解质和水分，这些强电解质和水分被网状胶体所包围，网状胶体的空格又被部分水解的胶体所填充，使它不至于随地下水和雨水而流失，因而能长期保持良好的导电作用。这是目前采用的一种较新和积极推广普及的方法。

（2）采用爆破接地技术。

爆破接地技术是近些年发展起来的降低接地装置接地电阻的新技术，通过爆破制裂，再用压力机将低电阻率材料压入爆破裂隙中，从而起到改善很大范围的土壤导电性能的目的，相当于大范围的土壤改性。

（3）采取伸长水平接地体。

结合工程实际运用，经过分析，结果表明：当水平接地体长度增大时，电感的影响随之增大，从而使冲击系数增大，当接地体达到一定长度后，再增加其长度，冲击接地电阻也不再下降。接地体的有效长度根据土壤电阻率确定，见表 3–16。

表 3–16　土壤电阻率对应水平接地体长度

土壤电阻率，Ω·m	500	1000	2000
水平地体有效长度，m	45～55	45～55	60～80

其他几种降低杆塔接地电阻的方法在工程中不常用，如深埋接地极、采取污水引入接地体、采取深井接地、更换土壤、对土壤进行化学处理等，这里不再单独介绍。

在确定降低高土壤电阻率地区接地电阻的具体措施时，应根据当地原有的运行经验、气候情况、地形地貌的特点、土壤电阻率的高低、技术经济等条件进行全面、综合分析。因地制宜地选择合理的方法，既可保障线路、设备的正常运行，又可避免接地装置工程投资过高情况的发生。

3. 接地系统的防护

输电线路沿线距离较长，接地系统安装完毕后，在使用期限内应进行定期维护，易出现的问题是腐蚀和被盗。

1）腐蚀

由于金属的活跃度不同，铜材的腐蚀速度比镀锌钢材慢得多。因此在选择接地材料的时候，对于腐蚀严重区域应采用铜材质接地装置，以防腐蚀过快，导致接地失效。

线路接地体的腐蚀速度和土壤的腐蚀性有直接关系，线路进行接地系统设计需要基于地勘报告中对于土壤电阻率和腐蚀性的报告。对于高腐蚀性的土壤，不得不使用镀锌扁钢接地体，则应每年进行接地电阻检测，在出现部分铁塔电阻值大幅上升时，尽快对整条线路进行接地极重新敷设。

2）防盗

在一些社会发展比较落后的区域，依然存在电力设施被盗严重的情况。而裸漏在外，最容易被发现的接地线，也自然成为最容易丢失的部分。

据伊拉克项目统计，站外架空线路的接地线被盗概率接近 100%，且随着运行年限的增加，并未见到减少的趋势。伊拉克项目地区属于高腐蚀区域，因此不得不采用铜接地线以降低腐蚀速度，而当地人员生活困难，增加了电力设施被破坏、被盗的概率。一旦接地线被盗，将出现杆塔无有效接地的情况，无论对电力系统还是对周边人员，都会产生危险。

简单有效的防盗措施在站外线路上必不可少，主要手段有以下几种：

（1）裸露在外的部分不采用纯铜接地线，增加盗窃难度，降低销赃的获利，使当地人不再或者不能盗取接地线。

（2）增加保护措施。使接地线通过杆塔直接从基础侧面引出，或者在做好接地线后，采用混凝土直接将接地线封死在基础上，让偷盗者找不到接地线，无法实施偷盗。

不同的地区可采用不同的防盗措施，应根据当地的情况，采用有效方式进行防盗，以保证接地系统的有效性。

第三节　输电线路辅助安全措施

输电线路除了主体设计时应考虑本质安全措施外，辅助的安全措施也必不可少，主要包括爬梯、防爬网、警示牌和防鸟措施。

一、爬梯

为了保证检修维护时的便利性，在铁塔和钢管杆上都应设置爬梯或脚钉。但爬梯和脚钉的设置也同时为无关人员登上铁塔创造了便利，因此需注意攀爬装置设置的高度应能够避免无关人员使用。

由于国内更多地考虑检修的便利性，且地方人员素质较高，因此国内规范规定铁塔2m以上应设置爬梯，这个高度很明显无法满足防爬的需求。根据伊拉克当地铁塔线路规定，铁塔应在距离地面5m以上设置爬梯，但确实会使检修维护的难度大大增加。

安全性是线路运行的首要因素，经过多个项目的使用经验，综合考虑各方因素，建议在输电线路项目中，无论铁塔还是钢管杆，都应在地面5m以上增加爬梯，检修人员可利用便携式检修梯或者提升车进行检修维护。

对于需要带电检修的线路，应设置双侧爬梯，避免人员带电爬塔时进入带电侧的可能性。

二、防爬网

无关人员如爬到铁塔或者电杆上，无论是对线路，还是对攀爬人员自身，都存在着极高的风险，轻则导致停电，重则导致人员死亡。因此，为了避免无关人员爬上铁塔和钢管杆，应对线路杆塔设置防爬装置。

防爬装置的种类很多，最简单的方法是在距离地面3m或者是铁塔最下面的平台处设置防爬网，使用带刺铁丝网缠绕3次，避免无关人员靠近带电部分。

这种防爬方式简单且造价低，但存在的问题是，针对刻意的攀爬行为，可能无法起到很好的防范作用，甚至可能经常会被人为破坏，造成防爬功能的失效。国内杆塔防爬装置种类繁多，图 3-2 是一种在伊拉克地区经常使用的防爬装置。

三、警示牌

除了防爬网以外，为了尽可能降低出现事故的概率，还应设置警示牌。警示牌主要是防止无关人员过于靠近线路，或攀爬铁塔或电杆。“高压”“禁止攀爬”等警示牌在有人员经过的地区必须安装，让当地人员能够明确了解线路的危险性，进而远离输电线路。警示牌的样式很多，如业主没有具体要求，图 3-3 的警示标识可直接用海外油田地面工程设计项目中。

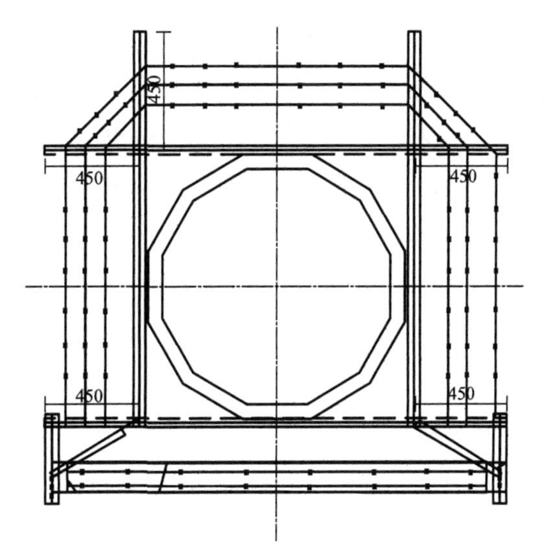

图 3-2　防爬网

(a) 电力高压线路铁塔及电杆

(b) 过路点

图 3-3　各类警示牌

注：在阿拉伯国家，需要采用阿拉伯语和英语同时进行警示

四、防鸟措施

经过海外油田地面工程输电线路的常年运行经验，对鸟类的防护是架空线路必须考虑的问题，也是非常棘手的问题，而且不同的区域面对的鸟类问题也不尽相同。

苏丹地处热带草原，一年四季各种鸟禽随处可见，而当地有一种俗称垃圾鸟的大型鸟类，翼展达到2m，喜欢站在横担上，在空中飞舞时有可能使导线出现相间短路。除了垃圾鸟，当地还有很多小型鸟类，喜欢在线路的角落中筑巢，很难处理。

伊拉克位于亚洲西南部，地理环境优越，当地大量种植小麦和其他作物，这也成了吸引鸟类的原因。每到夏季，成群的小型和中型鸟类会前来觅食，大量的鸟类会在绝缘子上部排便，导致绝缘子串出现短路等故障。

针对不同的地区，设计人员应采用不同的防鸟措施，表3–17的几种措施可根据项目需求进行单个或者同时使用，尽可能将鸟害降低到最低水平。

表3–17　鸟害及相应措施对应表

编号	鸟害类型	措施
1	大型鸟类站立于上导线和横担之间	在横担上安装防鸟刺，使鸟类无法在横担上站立
2	小型鸟类在杆塔角落中筑巢	尽量减少杆塔上的死角区域，并对死角区域的导线增加热缩绝缘带进行防护，对于非常严重的区域可以考虑使用人工鸟巢进行诱导
3	鸟类在绝缘子上排便	增加驱鸟器，使鸟类不敢靠近绝缘子悬挂点；增加绝缘子爬电距离；增加抗污能力
4	大量鸟类聚集	采用电子类声音驱鸟器，有效驱赶大批鸟群，防止鸟类聚集

各种驱鸟设施如图3–4所示。

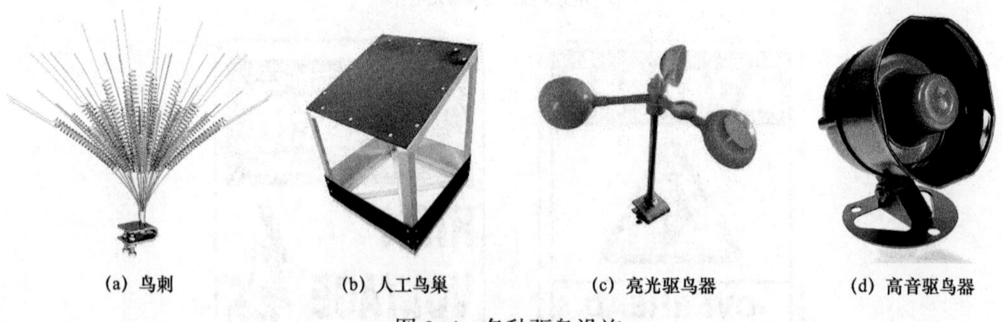

(a) 鸟刺　(b) 人工鸟巢　(c) 亮光驱鸟器　(d) 高音驱鸟器

图3–4　各种驱鸟设施

对于鸟害特别严重的区域，传统的防鸟措施很难满足防鸟害要求的时候，增加导线安全间距虽然会增加线路成本，但能够很好地确保线路的安全运行。在需要增加安全间距以降低鸟害时，应进行设计专题讨论，确定最终方案。

第四章

海外油田地面工程爆炸危险区域划分

危险区域划分在油田地面开发工程中具有重要的参考和指导意义，它不仅为项目的危险和可操作性研究（HAZOP）提供了定性的分析和定量的评价，而且为工程的设备采购及选型提供了必要的技术支持，并为油气工艺站场的整体布局提供了重要的依据。由于世界各国石油工业的发展历史和所处的技术水平不尽相同，对于危险区域划分所遵循的规范与标准也有所差异。

目前海外油田地面工程的业务范围内，不仅有采用美国石油学会的 API RP 505《Ⅰ类、0 区、1 区和 2 区石油设施电气设备位置分类的推荐实施规程》（Recommended Practice for Classification of Locations for Electrical Installation at Petroleum Facilities Classified as Class Ⅰ, Zone 0, Zone 1 and Zone 2），也有采用英国能源学会的 EI 15《安全标准　第 15 部分：易燃液体处理装置的区域分类》（Model Code of Safe Practice—Part 15: Area Classification for Installations Handling Flammable Fluids），对于一些改造扩建项目，还会遇到的 API RP 500《Ⅰ类、1 区和 2 区石油设施电气设备位置分类的推荐实施规程》（Recommended Practice for Classification of Locations for Electrical Installations at Petroleum Facilities Classified as Class Ⅰ, Division 1 and Division 2）与 EI 15 相互融合的情况。应用不同的标准，对于同一类问题会形成不同的推荐解决方法，这就要求从事危险区域划分工作的工程师必须熟悉这些标准之间的差异，结合自己的工程经验，合理地进行危险区域划分。

对于危险区域划分，我国石油工程所遵循的标准是 SY/T 6671《石油设施电气设备场所Ⅰ级 0 区 1 区和 2 区的分类推荐作法》。该标准参考了美国石油学会推荐的 API RP 505。

国内外爆炸危险区域划分标准的对标安全比较是以不同的危险区域划分标准在实际工程应用过程中所产生的差异为研究对象，本章首先介绍了常用的危险区域划分标准，其次对典型危险区域依据不同标准进行划分，进而对划分的结果进行对比分析，最后进行归纳总结。

本章主要用来对比的标准名称及版本信息如下：

（1）SY/T 6671—2017《石油设施电气设备场所Ⅰ级0区、1区和2区的分类推荐作法》；

（2）API RP 505：2018《Ⅰ级、0区、1区和2区石油设施电气设备位置分类的推荐实施规程》（Recommended Practice for Classification of Locations for Electrical Installation at Petroleum Facilities Classified as Class I，Zone0，Zone1 and Zone2）；

（3）EI 15：2015《安全标准　第15部分：易燃液体处理装置的区域分类》（Model Code of Safe Practice—Part 15：Area Classification for Installations Handling Flammable Fluids）；

（4）API RP 500：2012《Ⅰ级、1区和2区石油设施电气设备位置分类的推荐实施规程》（Recommended practice for classification of locations for Electrical Installations at Petroleum Facilities Classified as Class I，Division 1 and Division 2）；

（5）IEC 60079-10-1：2015《爆炸性气体环境　第10-1部分：危险区域划分》（Explosive atmospheres—Part 10-1：Classification of areas—Explosive gas atmospheres）；

（6）GB 3836.14—2014《爆炸性环境　第14部分：场所分类　爆炸性气体环境》；

（7）GB 50058—2014《爆炸危险环境电力装置设计规范》。

第一节　概　述

油田地面生产设施在加工、处理和储存石油和天然气产品时，不可避免地会从管道、容器、阀门和泵中泄漏易燃物质。易燃物质泄漏后，与空气中的氧气混合形成爆炸性气体混合物，当混合物浓度处于爆炸浓度范围内（即处于爆炸下限和爆炸上限之间），并且现场存在足以点燃爆炸性气体混合物的电火花或热表面时，就会引起爆炸和火灾。

危险区域划分的目的是采用适当的标准和规范，根据不同的生产工艺流程，逐个对油气处理设施进行分析，确定释放源、危险区域类型和危险区域范围，从而指导电气仪表设备的选型安装、通风系统的设计和有火设备的布置。危险区域划分既要保证生产设施的安全可靠，又要避免因过度提高危险等级或扩大危险区域范围而造成的相关设备投资成本要求过高，进而导致工程总投资额的增加。因此，在编制危险区域划分文件的过程中，工程师应结合以往的工程经验做出良好的工程判断，合理地划分危险区域，这对油田地面开发工程的经济投资、安全生产、预防火灾和爆炸事故等具有重要意义。

1999年美国国家电气规范（NEC）和1998年加拿大电气规范（CEC）明确规定使用分区（Zone）系统对危险区域进行分类。在1999年出版的NEC规范第505章节中，对危险区域划分原理和方法进行了详细介绍，现在作为一个独立完整的标准API RP 505，创建了一个类似于国际电工技术委员会（IEC）和欧洲标准化委员会（CENELEC）的美版的分区（Zone）系统。较之前北美地区常用的分级（Class/Division）系统，API RP 505 更符合欧洲的电气生产商设备的制造和安装，同时也保持了部分美国国家电气规范接线方法和保护技术。虽然危险区域划分标准正在朝着协调一致的方向发展，但不同的标准和规范在具体的应用过程中仍然存在差异。

第二节　危险区域划分常用标准

由于世界各国石油工业发展历史不同，油气开采技术也存在差异，西方国家较早对石油工业建立起了相应的规范和标准，其中制定这些规范和标准较为完整且有影响力的机构有美国石油学会（American Petroleum Institute，API）、英国能源协会（Energy Institute，EI）、美国国家电工法规（National Electrical Code，NEC）、国际电工委员会（International Electrotechnical Commission，IEC）等。

在油田地面工程设计中，对于危险区域的划分通常参考以下 8 个标准及规范：

（1）API RP 500《Ⅰ级、1 区和 2 区石油设施电气设备位置分类的推荐实施规程》（Recommended practice for classification of locations for Electrical Installations at Petroleum Facilities Classified as Class I，Division 1 and Division 2）；

（2）SY/T 6671《石油设施电气设备场所Ⅰ级 0 区、1 区和 2 区的分类推荐作法》；

（3）API RP 505《Ⅰ级、0 区、1 区和 2 区石油设施电气设备位置分类的推荐实施规程》（Recommended practice for classification of locations for Electrical Installations at Petroleum Facilities Classified as Class I，Zone 0，Zone1，and Zone 2）；

（4）美国国家电气规范（National Electrical Codes）；

（5）EI 15《安全标准　第 15 部分：易燃液体处理装置的区域分类》（Model Code of Safe Practice—Part 15：Area Classification for Installations Handling Flammable Fluids）；

（6）IEC 60079-10-1《爆炸性气体环境　第 10-1 部分：危险区域划分》（Explosive atmospheres—Part 10-1：Classification of areas—Explosive gas atmospheres）；

（7）GB 3836.14《爆炸性环境　第 14 部分：场所分类　爆炸性气体环境》；

（8）GB 50058《爆炸危险环境电力装置设计规范》。

其中，API RP 500 和 API RP 505 多应用于北美地区及美国石油公司所承揽的工程。EI 15 和 IEC 60079-10 多应用于欧洲地区及欧洲的石油公司所承揽的工程。美国石油学会制定的 API RP 505 和英国能源协会制定的 EI 15 两个标准在危险区域划分中应用得较为广泛，SY/T 6671—2017 参考 API RP 505。

一、API RP 505 知识框架结构

API RP 505 适用于石油炼厂、陆地及海洋固定平台、移动式海上钻井平台和石油管线输送区域。API RP 505：2018 共分 14 章及 5 个资料性附录，标题内容如下：

第 1 章　适用范围

第 2 章　规范性引用文件

第 3 章　缩略语、术语和定义

第 4 章　着火和爆炸的基本条件

第 5 章　易燃、可燃液体、气体和蒸气

第 6 章　划分标准

第 7 章　区域划分的范围

第 8 章　确定划分区域等级和范围的推荐作法——一般应用

第 9 章　确定石油炼厂内区域划分等级和范围的推荐作法

第 10 章　确定陆地、海洋固定式平台钻机和生产设施划分区域等级和范围的推荐作法

第 11 章　确定移动式海上钻井平台（MODUs）上划分区域范围和等级的推荐作法

第 12 章　确定浮式生产装置上井架和生产设施划分区域范围和等级的推荐作法

第 13 章　预留

第 14 章　确定石油管线输送设施区域划分和范围的推荐作法

附录 A　资料性　利用式（一）、式（二）对封闭区域通过自然通风实现充分通风的计算示例

附录 B　资料性　采用逸散法来计算达到充分通风的最小通风量

附录 C　资料性　用于表示 Ⅰ 级，0 区、1 区和 2 区危险区域划分的首选符号

附录 D　资料性　区域划分的代用方法

附录 E　资料性　区域划分程序

其中油田地面工程设计过程主要参考第 10 章和第 14 章内容。

二、EI 15 知识框架结构

EI 15 适用于几乎所有可能出现可燃流体物质危险释放源的场所。EI 15：2015 共分 4 章及 8 个资料性附录，标题内容如下：

第 1 章　前言

第 2 章　危险区域划分方法

第 3 章　单个释放源划分的点源法

第 4 章　通风对危险区域分类的影响

附录 A　石油及易燃流体的划分和分类
附录 B　含有氢气的危险区域划分
附录 C　危险半径计算
附录 D　位于开放区域一般设施分类的直接示例法
附录 E　小规模操作（实验室和实验工厂）
附录 F　封闭通风区域，具有内部释放源的封闭区域及其关联的外部危险区域的示例
附录 G　术语表
附录 H　参考文献

三、API RP 505 和 EI 15 知识框架比较

从两个标准的结构可以看出，API RP 505 应用过程主要采用典型的直接示例法，较为直观。EI 15 在应用过程中有直接示例法和点源分析法。需要注意的是，API RP 505：2018 在其附录 D（资料性附录）区域划分的代用方法中介绍了类似于 EI 15 的点源分析法，同样是从点释放源的确立、物质挥发等级的确定及区域划分危险半径这三个主要步骤来进行危险区域划分。附录 D 标注说明中提及该方法参考了 EI 15，由此可以看出两个标准之间存在的联系，EI 15 对采用 API RP 505 进行危险区域划分方法进行了有效的补充和延伸。

API RP 505、EI 15 及 IEC 60079-10-1 适用范围和划分方法比较见表 4-1。

表 4-1　API RP 505、EI 15 和 IEC 60079-10-1 适用范围和划分方法比较

国家 / 地区	标准	适用范围	划分方法
北美	API RP 505	出现可燃气体和蒸气的场所及相关石化装置场所	基本原理、直接的示例法和点源分析法
英国及欧洲	EI 15	出现可燃气体和蒸气的场所，包括整个厂区范围	基本原理、直接的示例法、点源分析法和基于风险的分析法
欧洲	IEC 60079-10-1	出现可燃气体和蒸气的场所	基本原理和直接的示例法

四、危险区域划分程序

危险区域划分的范围及研究通常从以下几个方面考虑：

（1）可能出现的易燃物质有哪些？

（2）每一种易燃物质的物化性质如何？

（3）这些潜在的释放源释放到空气中是如何形成爆炸性气体环境的？

（4）确定系统常规操作的压力和温度。

（5）判断现场的通风条件。

（6）根据扩散条件（通风等级）判断易燃气体浓度。

（7）分析易燃物质释放场所出现的概率。

（8）根据相关规范划分危险区域。

根据上述的分析判断及数据收集，可以形成一张潜在危险源释放分析表，常用危险源释放分析表的格式参见表4-2至表4-4。形成危险源释放分析表文件后，依据危险区域划分相关规范的要求对危险区域进行划分，最终在危险区域划分图上表示出来。

表4-2 危险源释放分析表（释放源）

条款（item）	释放源（source of release）				
	位号（tag number）	描述/位置（description/location）	点释放源（point of release sources）	释放分级（grade of release）	释放频率分级（release frequency level）
油工艺设施（oil processing facilities）					
1	MA-11210A/B	管汇进口（inlet manifold）	法兰泄漏（flange leakage） 事故泄漏（accidental leakage）	2级（Secondary）	1级（Level 1）
2	PR-11220/30/40/50	收球筒（pig receiver）	当操作球时泄漏（release during pigging operation）	1级（Primary）	1级（Level 1）

表4-3 危险源释放分析表（液体易燃物）

可燃液体（flammable liquid）					
可燃物质（flammable material）	液体等级（fluid class）	液体种类（fluid category）	操作温度及压力（operating temp.& pressure）		状态（state）
			℃	MPa（绝压）	
原油、高压气（crude oil，HP gas）	I级（Class I）	B	25～40	0.55	气/液（G/L）

表4-4 危险源释放分析表（通风和爆炸区域）

通风（ventilation）		危险区域（hazardous area）			
类别（type）	等级（degree）	分区0/1/2（zone type 0/1/2）	区域范围（zone extent）		参照EI 15
			R1	R2	
N	A	2	4.0	4.0	C3，C4
N	A	1	3.0	3.0	3.6，C3，C4
		2	4.0	5.0	

第三节　EI 15 爆炸危险区域划分

EI 15 爆炸危险区域划分采用了定性及定量的分析流程，有较强的逻辑说服力，在欧洲及中东地区广为使用。

IEC 60079–10–1 最新版本（2015 版）关于爆炸危险区域的划分跟之前版本完全不一致，2015 版之前的版本与 API RP 505 及国内标准类似，给出了典型设备、区域的危险区域半径，而 2015 版完全更改了划分基础与流程，基本流程与 EI 15 划分程序类似。下面对 EI 15 爆炸危险区域的划分流程和一些典型数据进行说明，作为爆炸危险区域划分的一个简单指导。

一、危险区域划分基本流程

EI 15：2015 划分危险区域的基本流程如下：

（1）确定易燃物的量是否超过 EI 15：2015 表 1.1，若未超过，一般无须划分。

（2）易燃物是否会发生泄漏，若无泄漏可能，无须划分。

（3）易燃物的分级。

（4）根据工艺设施类型选用不同划分方法。

基本流程里的前两个步骤主要针对小规模设施，如化验室等，对于油田地面工程主要考虑后两个步骤。

工艺流程所处理的易燃物可依据 EI 15：2015 表 1.3 和表 A1 进行分级，EI 15 定义了五种易燃流体介质，分别是 A、B、C、G（i）和 G（ii）。

易燃物分级后依据不同的油气处理设施类型选用不同的危险区域划分方法。EI 15 给出了三种划分方法，分别是直接实例法、点源法和风险导向法。

二、各划分方法特点及在油田地面工程的适用性

1. 直接实例法

直接法主要应用于储罐、公路 / 铁路 / 海上装卸设施、罐装设施、零售终端、高挥发性 / 高蒸气压易燃物贮存设施、钻井及修井等设施。满足直接实例法工况的相同或类似设施均可直接使用 EI 15 给出的危险区域划分实例进行划分。

直接实例法简单适用，但适用范围有限，油田地面工程中原油储罐和装车站适用该方法。

2. 点源法

不适用于直接实例法的设施和设备均可使用点源法进行危险区域划分。点源法综合考

虑危险区域半径、设备或设施具体几何形状、形状系数等因素，最终得到危险区域的三维划分。

该方法适用的典型设备与油田地面工程主要的工艺设备和设施基本一致，因此该方法在油田地面工程中的应用最为广泛。

3. 风险导向法

风险导向法用于在释放速率不确定的情况下确定二级释放源的释放孔径，也可用来调整释放频率和危险区域半径以满足特定工况条件。

油田地面工程工艺设施集约化程度不高，多是露天安装运行，通风条件较好，一般不存在特定操作工况，且油田 DCS 系统的自动化监控水平已经很大程度上在运营阶段减少现场巡检工作量，所以按照点源法进行危险区域划分足以满足要求，因此风险导向法在油田地面工程中一般不经常使用。

三、点源法的应用范围及划分程序

1. 应用范围

点源法主要适用于释放源为泵、压缩机、放空管、设备排污及取样点、管道系统、收球筒、发球筒、污油池等工艺设备和工艺设施的危险区域划分。EI 15 列出的这些典型释放源也是油田地面工程主要的工艺设备和设施。

2. 点源法一般步骤及内容

应用点源法划分危险区域可分五步：识别释放源、确定释放源等级和介质分类、划分危险区域类别和确定危险区域半径、确定危险区域三维区域范围。

释放源可分为三种：连续释放源、一级释放源和二级释放源。长期释放和短期较高释放频率的释放源，或年释放时间大于 1000h 的释放源均为连续释放源。正常运行时，周期或偶尔释放，或年释放时间在 10～1000h 的释放源属于一级释放源。正常运行时不会释放，即使释放也仅是偶尔短时释放的释放源，或年释放时间小于 10h 的释放源属于二级释放源。

介质分类在具体工程应用时应依据原油、湿气及干气物性实验结果，条件不具备时可按 EI 15 的一般分类，即稳定原油为 C 类，伴生气为 G（i）类。

危险区域类别与释放源等级、易燃物环境持续时间和通风强度有关。EI 15 规定，在一般无限制的户外条件下，存在连续释放源的区域为 0 区，存在一级释放源的区域为 1 区，存在二级释放源的区域为 2 区。

确定危险区域半径需综合考虑操作压力、人员暴露频率、释放源平均个数、可能的点燃概率平均值、可燃气体释放等级、释放频率水平和释放孔径等。

EI 15 在确定危险区域半径时，首先应确定释放频率 LEVEL 等级，然后确定释放孔径、根据不同工况条件查表得出危险区半径 R_1 和地面危险区半径 R_2，最后根据释放源高度考虑形状系数得出危险区域三维区域范围。

1）单个释放源每年的释放频率 LEVEL 等级

单个释放源每年的释放频率等级应通过下列程序得出：

（1）确定人员暴露在至少一个潜在释放源的概率 P_{occ}。具体计算应以每年单个人员暴露在危险区域的总时间数除以年总时间数（8760h）。

（2）确定二级释放源的平均数量 N_{range}。EI 15 给出了 N_{range} 的典型值：露天站场的一般巡查，N_{range}=1；紧凑站场的一般巡查，N_{range}=5；拥有大量释放源的检查区域，N_{range}=30。

（3）确定暴露概率 E_{xp}，$E_{xp} = P_{occ}\,N_{range}$。

（4）确定引燃概率 P_{ign}。EI 15 给出了 P_{ign} 的典型值：受控引燃源，P_{ign} = 0.003；弱引燃源，P_{ign} =0.01；中等引燃源，P_{ign} =0.1；强引燃源，P_{ign} =1。火气探测系统的陆上引燃源定义为受控引燃源，2 区的典型引燃源定义为弱引燃源，与交通、变电站、建筑物等相关的引燃源定义为中等引燃源，燃火加热器、火炬等定义为强引燃源。

（5）确定释放频率 LEVEL 等级。EI 15 根据 E_{xp} 计算结果和 P_{ign} 值，由图 4–1（EI 15：2015 图 C2）得出 LEVEL 等级。该图是基于个人风险（*IR*）不大于 10^{-5} 得出。

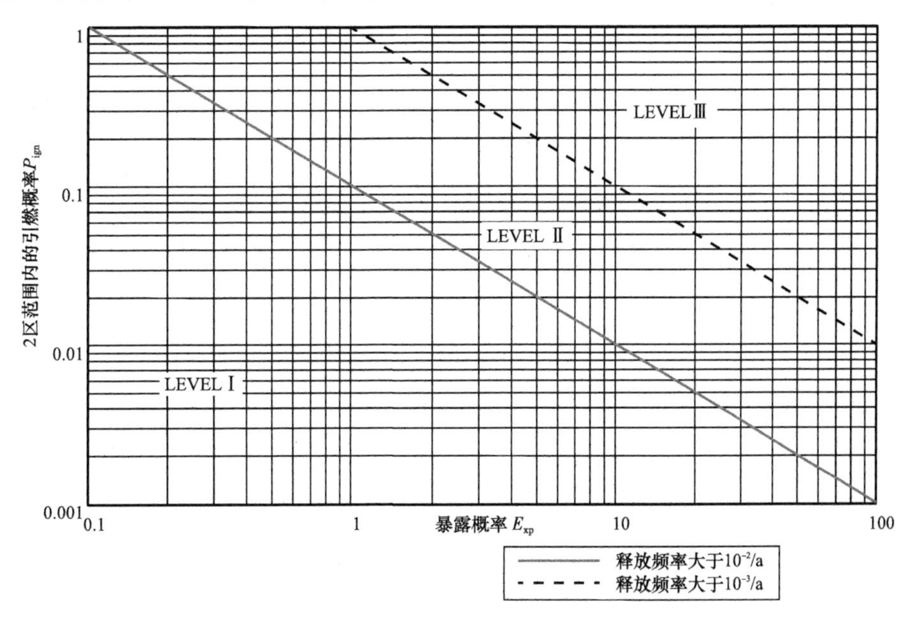

图 4–1　释放频率 LEVEL 等级

EI 15 按照下面标准将释放频率分为三个等级：

一级（LEVEL Ⅰ）：单个释放源释放频率大于 10^{-2}/a。

二级（LEVEL Ⅱ）：单个释放源释放频率处于 10^{-2}/a～10^{-3}/a。

三级（LEVEL Ⅲ）：单个释放源释放频率处于 10^{-3}/a～10^{-4}/a。

EI 15 中 2 区一般情况下选用 LEVEL Ⅰ。

2）释放孔径

释放孔径应优先使用设备制造厂家数据，无实际数据时，EI 15 基于不同释放频率 LEVEL 等级和释放源类型定义了各释放源的等效释放孔径，具体参见表 4–5（EI 15：2015 表 C13）。

表 4–5　典型释放源等效释放孔径

孔径大小（hole size），mm			
设备类别（equipment type）	一级（LEVEL Ⅰ）	二级（LEVEL Ⅱ）	三级（LEVEL Ⅲ）
单密封带节流衬套（single seal with throttle bush）	2	5	10
双密封（double seal）	1	2	10
往复泵（reciprocating pump）	2	10	20
离心压缩机（centrifugal compressor）	1	5	30
往复压缩机（reciprocating compressor）	2	10	30
法兰（flanges）	1	1	5
阀门（vales）	1	2	10

注：1　对于一级释放频率、不带节流衬套单密封的离心泵，使用二级孔径。（At the LEVEL Ⅰ release frequency，for single seal centrifugal pumps without a throttle bush，use LEVEL Ⅱ equivalent hole size.）

2　假定大于 80mm 直径的阀门（当与小于 80mm 直径阀门对比时）有等同的泄漏孔径的原因主要是考虑管线系统有相当的完整性，导致事故频率很低。[It is assumed that smaller equivalent hole sizes for valves＞80mm diameter（when compared to valves＜80mm diameter）are due to a higher mechanical integrity of the piping system, which will result in a lower failure frequency.]

3　假定三级主要是考虑泵和压缩机一般采用独立密封系统。（Assumed LEVEL Ⅲ failures are mainly due to the pump/compressor sets and are generally independent of sealing arrangements.）

3）危险区域范围

EI 15：2015 综合考虑了介质类别、危险源释放频率 LEVEL 等级、等效释放孔径尺寸和释放压力制定了表 C4，分别给出了危险区域半径 R_1 和地面危险区域半径 R_2，见表 4–6。

查得 R_1 与 R_2 后，考虑形状系数后得出危险区域范围。EI 15：2015 根据释放源离地高度 H 与 R_1 的关系分为以下三种情况：

（1）$H>R_1+1$m，地面无危险区域。

（2）$R_1+1\text{m}\geqslant H>1$m，地面有危险区域，区域半径为 R_2，高度为 1m。

（3）$H\leqslant 1$m，地面有危险区域，区域半径为 R_2，高度为 1m。

表 4-6　危险半径 R_1 和 R_2

液体级别（fluid category）	释放压力（release pressure）bar（绝压）	危险半径（hazard radius）R_1，m				危险半径（hazard radius）R_2，m			
		释放孔径（release hole diameter）				释放孔径（release hole diameter）			
		1mm	2mm	5mm	10mm	1mm	2mm	5mm	10mm
A	5①	2	4	8	14	2	4	16	40
	10	2.5	4	9	16	2.5	4.5	20	50
	50	2.5	5	11	20	3	5.5	20	50
	100	2.5	5	11	22	3	6	20	50
B	5	2	4	8	14	2	4	14	40
	10	2	4	9	16	2.5	4	16	40
	50	2	4	10	19	2.5	5	17	40
	100	2	4	10	20	3	5	17	40
C	5	2	4	8	14	2.5	4	20	50
	10	2.5	4.5	9	17	2.5	4.5	21	50
	50	2.5	5	11	21	3	5.5	21	50
	100	2.5	5	12	22	3	6	21	50
G（i）	5	<1	<1	<1	1.5	<1	<1	1	2
	10	<1	<1	1	2	<1	<1	1.5	3
	50	<1	1	2.5	5	<1	1.5	3.5	7
	100	<1	1.5	4	7	1	2	5	11
G（ii）	5	<1	<1	1.5	3	<1	<1	2	3
	10	<1	1	2	4	<1	1	2.5	5
	50	<1	2	4	8	1	2	4	11
	100	1	2	6	11	2	3	6	14
LNG	1.5	2.5	3	6	10	2	3	7	30
	5	3	5	10	17	2	4	11	40
	10	3	55	10	20	2.5	4.5	13	37.5

注：1 在储液温度为 20℃时，5 bar（绝压）的释放压力低于 A 类流体的饱和蒸气压力。采用饱和蒸气压［6.8bar（绝压）］计算释放速率和扩散范围。［At the fluid storage temperature of 20℃ the nominal discharge pressure of 5 bar（a）is below the saturated vapour pressure of Fluid category A. The saturated vapour pressure 6.8bar（a）was used to calculate the discharge rate and dispersion.］

2 液化天然气（LNG）在 5m 高度释放时的 LFL 距离。这些距离已经被建模为甲烷，典型的液化天然气混合成分在 93%～90% 变化。液化天然气一般在运行、储存和装载温度在 -170～-160℃，因此，从 -165℃的存储温度释放被模型采纳。（Distances of LFL for LNG releases at 5 m height. These distances have been modeled as methane，with typical LNG compositions varying between 93%～90%. Typical rundown，storage and loading temperatures for LNG are in the range-170℃ to -160℃；therefore releases from a storage temperature of -165℃ have been modeled.）

3 目前没有乙醇汽油混合燃料的数据；但是对于含有少量乙醇的共混物，可以将其视为 C 类。建议进行建模分析。（No data are available for gasoline blends with ethanol；however，for blends with small quantities of ethanol，these could be treated as category C. It is recommended that modeling is carried out.）

① 释放压力应作为最大允许操作压力。（Release pressure should be taken as the maximum allowable operating pressure.）

第四节　典型危险区域划分对比

一、研究对象及操作环境

为了检验采用不同划分标准而形成的危险区域范围差异情况，下面选取实际的工程案例——伊拉克某油田 CPF 站内输送原油的外输泵作为研究分析对象，外输泵的安装高度 H 近似等于 1m，输送的原油流体类别为 B 类，介质操作压力为 6.4MPa，位于通风充分的非封闭区域内。外输泵为 API 标准型泵，密封形式为单层密封带节流衬套。考虑泵的密封泄漏，对比采用 API RP 505 和 EI 15 两个标准进行危险区域划分范围的比较。

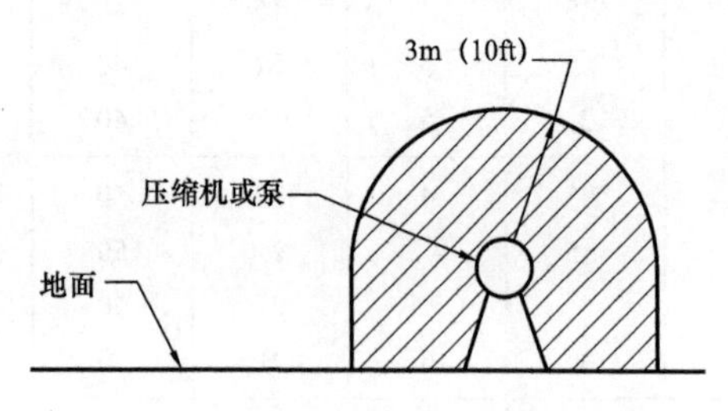

图 4–2　通风充分的非封闭区域内的压缩机和泵（参见 API RP 505）

二、API RP 505 示例法

1. 一般性应用

由图 4–2 可知危险区域划分范围 $R = 3$m。

2. 石油管线输送设施区域

由图 4–3 可知危险区域划分范围 $R = 7.5$m，$L = 15$m，$D = 0.6$m

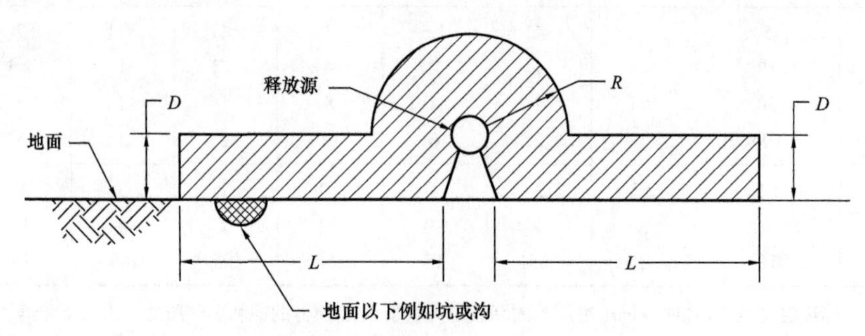

序号	LEVEL等级	距离，m		
		L	R	D
1	液体压力小于或等于1900kPa［275psi（表压）］（适用于泄漏较小的上述操作压力小泵类，管线的集输泵类不在此范围）	3（10）	1（3）	0.6（2）
2	液体压力大于1900kPa［275psi（表压）］	15（50）	7.5（25）	0.6（2）
3	高挥发性液体	30（100）当泄漏较小时，可适当减小，但不应小于15	7.5（25）	0.6（2）

图 4–3　室外输送易燃液体或高挥发性液体的压缩机和泵（参见 API RP 505）

三、API RP 505 区域划分代用方法

由表 4–7 和图 4–4 可知危险区域划分范围 $D_1 = 7.5\text{m}$，$H_1 = 7.5\text{m}$，$D_2 = 7.5\text{m}$，$H_2 = 7.5$，$D_3 = 7.5\text{m}$，$H_3 = 0.6\text{m}$。

表 4–7　通风充分的非封闭工艺区域内输送比空气重的气体或蒸气的泵

泵	类别	低流量（<100gpm）			中流量（100～500gpm）			高流量（>500gpm）			泵流速
低压≤100psig 中压 100～500psig 高压≥500psig		低压	中压	高压	低压	中压	高压	低压	中压	高压	密封空间内压
标准泵	1	15	25	50	25	50	100	25	50	100	危险半径 ft
	2	10	15	25	10	25	50	15	25	50	
	3	3	10	15	5	10	25	15	15	25	
高精低密封易扩散泵	1	5	10	15	5	10	25	10	10	25	危险半径 ft
	2	3	5	10	3	5	10	5	10	10	
	3	3	3	5	3	3	5	5	5	10	

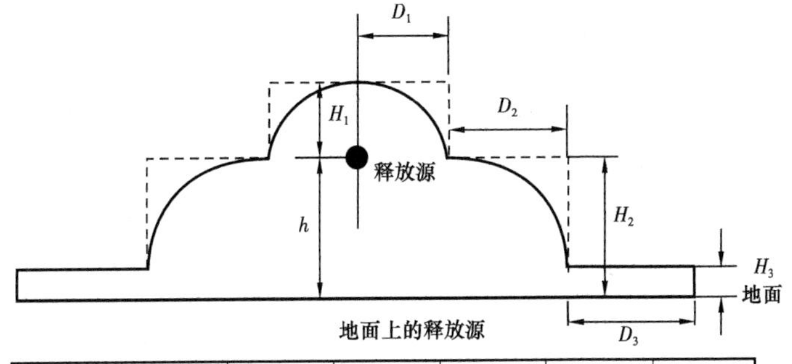

地面上的释放源

危险半径 m (ft)	D_1 m (ft)	H_1 m (ft)	D_2 m (ft)	H_2 m (ft)	D_3 m (ft)	H_3 m (ft)
1 (3)	1 (3)	1 (3)	0 (0)	NA	2 (7)	0.5 (1.5)
1.5 (5)	1.5 (5)	1.5 (5)	0 (0)	NA	3 (10)	0.5 (1.5)
3 (10)	3 (10)	3 (10)	0 (0)	NA	3 (10)	0.6 (2)
5 (15)	5 (15)	5 (15)	0 (0)	NA	3 (10)	0.6 (2)
7.5 (25)	6 (20)	6 (20)	1.5 (5)	3 (10)	6 (20)	0.6 (2)
15 (50)	7.5 (25)	7.5 (25)	7.5 (25)	7.5 (25)	7.5 (25)	0.6 (2)
30 (100)	7.5 (25)	7.5 (25)	7.5 (25)	7.5 (25)	7.5 (25)	0.6 (2)

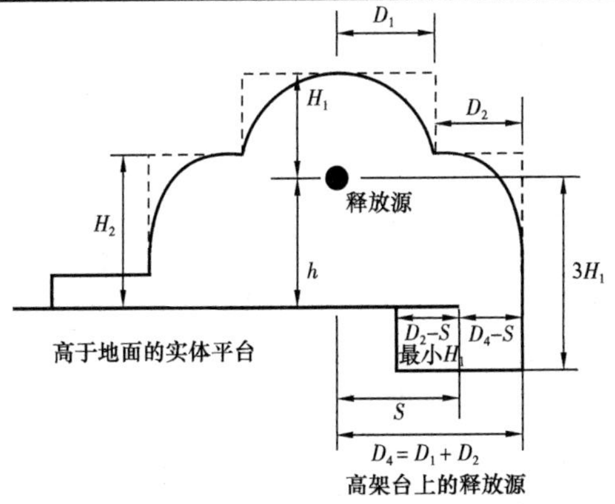

高架台上的释放源

图 4–4　重于空气的气体或蒸气在地面附近或高于地面的区域（参见 API RP 505）

四、EI 15 基于风险分析的点源法

泵安装区域内的释放源一般考虑来自泵的密封、泵与管线相连接的法兰、阀门、管线上的过滤器及排放系统。

根据现场运行维护人员的工作情况，工人主要的工作时间均暴露在危险区域 2 区，查表 4–8 和表 4–9，P_{occ} 值取 0.13，区域范围内次级释放源数量的平均值 N_{range} 取 11.7，则暴露值参数 $E_{XP}=P_{occ}N_{range}=1.521$。点燃概率 P_{ign} 取 0.019，查询图 4–1 可知，释放频率等级为一级，每年释放频率大于 10^{-2}/a。

表 4–8 暴露参数表

工作模式（work pattern）				区域内的释放源数量（NO. of release sources within range）				暴露参数（exposure）
				% 时间（% of time）			N_{range}	E_{XP}
平均在现场的时间（average Hours/yr spent on site）h/a	每次在厂区内停留的时间（fraction of time on site spent within plant area）h/a	在厂区范围内的工作时间（hours/yr spent on site within radius of plant area）h/a	每年在厂区内的 P_{occ}（P_{occ} fraction of total time per yr spent within plant area）	开放区域 1 个释放源（open plant 1 source）	联合站场 5 个释放源（congested plant 5 sources）	30 个释放源（many release sources 30）	在现场时间的范围的平均释放源（average number of sources in range during time on site）	$P_{occ}N_{range}$
1920	1	1920	0.220	0	0	100	30	6.6
1920	1	1920	0.220	20	30	50	16.7	3.7
1920	1	1920	0.220	20	50	30	11.7	2.6
1920	1	1920	0.220	50	30	20	8	1.8
1920	1	1920	0.220	100	0	0	1	0.2
1920	0.6	1152	0.130	0	0	100	30	3.9
1920	0.6	1152	0.130	20	30	50	16.7	2.2
1920	0.6	1152	0.130	20	50	30	11.7	1.5
1920	0.6	1152	0.130	50	30	20	8	1.0
1920	0.6	1152	0.130	100	0	0	1	0.13
1920	0.25	480	0.055	0	0	100	30	1.65
1920	0.25	480	0.055	20	30	50	16.7	0.92
1920	0.25	480	0.055	20	50	30	11.7	0.64
1920	0.25	480	0.055	50	30	20	8	0.44
1920	0.25	480	0.055	100	0	0	1	0.06
1920	0.125	240	0.028	0	0	100	30	0.8
1920	0.125	240	0.028	20	30	50	16.7	0.5
1920	0.125	240	0.028	20	50	30	11.7	0.3
1920	0.125	240	0.028	50	30	20	8	0.2
1920	0.125	240	0.028	100	0	0	1	0.03

表 4-9 点燃概率表

工人在工厂边界以内火源区域工作的时间百分比（percentage of time worker spends in areas with following ignition sources at the plant boundary）				P_{ign}
强（strong），%	中（medium），%	弱（weak），%	受控（controlled），%	
100	0	0	0	1.000
40	40	20	0	0.442
20	40	40	0	0.244
10	50	40	0	0.154
0	100	0	0	0.100
0	60	40	0	0.064
0	50	50	0	0.055
0	40	60	0	0.046
0	10	90	0	0.019
0	0	100	0	0.010
0	0	90	10	0.009
0	0	50	50	0.007
0	0	0	100	0.003

根据表 4-5 中数据，确认释放等效孔径。对于单层密封带节流衬套的 API 标准泵，一般情况下泵的密封泄漏等效孔径数据通常由厂家提供，此类型等效释放孔径为 5mm，在缺失厂家数据支持的情况下参考表 4-5 查得。

查表 4-6 危险半径 R_1 和 R_2 可得：R_1=10m，R_2=17m。

第五节 危险区域划分数据整理及分析

一、危险区域划分数据整理

对使用上述方法进行危险区域划分得到的数据进行整理，等效换算成 R_1 和 R_2，见表 4-10。

由表 4-10 可以看出，应用 API RP 505 中区域划分代用方法进行危险区域划分得到的危险半径范围最大；应用 API RP 505 示例法一般性应用得到的危险半径范围最小；EI 15 基于风险分析的点源法划分得到的危险半径范围介于上述两种方法危险半径范围之间。

表 4-10　危险区域划分半径对比

标准	方法描述	R_1，m	R_2，m
API RP 505	示例法一般性应用	3	3
API RP 505	石油管线输送设施区域	7.5	15
API RP 505	区域划分代用方法	7.5	22.5
EI 15	基于风险分析的点源法	10	17

注：R_1 为竖直方向上的释放半径，R_2 为经外部形状因素影响后在水平方向上形成的释放半径。

二、危险区域划分数据分析

运用 API RP 505 示例法一般性应用得到的危险区域半径没有考虑到易燃物质的挥发性、释放速率及操作压力等因素影响，不能准确地反映各类油气处理设施现场实际运行操作时的状态，提供的 3m 危险半径 R_2 参考数据较为保守。

API RP 505 示例法在石油管线输送设施区域的应用，考虑了压力等级和易燃物质的挥发性，将危险区域半径细分为三类：液体蒸气压力小于或等于 1900kPa 时的危险区域半径、液体蒸气压力大于 1900kPa 时的危险区域半径和高挥发性液体危险区域半径。相较于 API RP 505 示例法一般性应用，按压力等级进行了细分，将危险半径 R_2 扩大至 15m。

API RP 505 区域划分代用方法实际上和 EI 15 中提到的点源法应用比较相似，首先提出了点释放源概念，而后描述了流体类别分类，进而确定危险区域半径。

在危险区域划分实施过程中，提供了根据挥发性类别和释放速率确定危险半径的释放速率矩阵图，能够查到不同释放速率下各类流体可能产生的危险半径。对应于本书的海外油田的外输泵，归属于矩阵类别一、高释放率，经查表，危险半径 R_2 值进一步扩大至 22.5m。对于 22.5m 的危险半径，在油田地面工程开发设计应用中应尽量避免，因为形成较大的 2 区对于邻近区域的设备选型及布置都有很大的影响。

EI 15 基于风险分析的点源法是基于考虑现场操作人员暴露在潜在的危险区域范围内可能点燃易燃物质的风险概率，进而确立释放频率等级，根据释放频率等级计算等效释放孔径，经查表确立危险半径的方法。该方法充分考虑了影响潜在危险释放源的多种因素，对于本次研究的外输泵，因密封泄漏而产生的危险半径 R_2 为 17m。与 API RP 505 区域划分代用方法形成的半径区域相比较，危险区域半径大大缩小至可接受的范围内。

通过对比采用 API RP 505 和 EI 15，研究某油田 CPF 站内的外输泵因潜在的密封泄漏而产生的危险区域划分比较可以看出，当建立起详细的可燃流体的物性和相关工艺处理参数，采用 EI 15 划分出的危险区域半径比采用 API RP 505 划分出的危险区域半径要小，在油田地面工程开发过程中具有较好的工程设计应用和实际指导意义。

API RP 505 中的示例法对于泵输送易燃流体介质的压力划分点为 1.9 MPa，划分形成了大于 1.9MPa 时的 15m 半径范围和小于 1.9MPa 时的 3m 半径范围。即使应用区域划分代用方法，压力划分也仅有小于 0.7MPa 低压、0.7～3.4MPa 中压和大于 3.4MPa 高压这三个等级。而在 EI 15 应用过程中，根据不同的流体类别，压力等级分为 0.5MPa、1MPa、5MPa 和 10MPa 四个等级，压力等级的细分要比 API RP 505 多。因此可以看出，当危险源处于压力界定范围内而形成的危险半径，EI 15 提供的参考数据要多于 API RP 505。对于高压的界定，EI 15 的 10MPa 也要远高于 API RP 505 的 3.4 MPa，因此站场内存在的油气处理高压系统宜采用 EI 15 进行危险区域划分。

在油田地面工程开发设计过程中，对危险区域的划分还应结合工程实际情况合理选择所遵循的标准。新项目在选择遵循标准时，应充分考虑项目所处的地理位置、历史文化背景、大宗材料采购的范围和设备供应商所处地域等因素。项目改造或扩建应尽量遵循原先的设计标准，保持项目执行标准的统一性。如项目执行标准由业主指定，则按照业主要求执行。

API RP 505 在危险区域划分过程中注意示例法与区域划分代用法结合使用，示例法可绘制成典型图作为工程图纸文件。对于输送压力较高的设备和系统建议采用区域划分代用法进行进一步划分，找出合理的划分范围。

EI 15 的应用需要工艺、设备、暖通、仪表和环境等多个专业的配合，设计输入数据量大，数据的有效性确认和判断需要有经验的工程师进行甄别。标准在设计过程执行时间长，随着项目后期厂家资料的报批和调整会一直进行局部修改。

通过比较分析危险区域划分标准可以看出，各个标准都有自身的局限性，要求对各类情况均做出明确要求是不现实的。因此，在标准应用过程中要求编制危险区域划分的工程师不仅要熟悉各个标准应用的条件和范围，还应当注意工程经验的积累，结合以往的工程经验进行综合判断，合理的划分危险区域，从而保证项目的安全性和经济性。

参考文献

[1] 中国航空工业规划设计研究院主编．工业与民用配电设计手册［M］.4版．北京：中国电力出版社，2016.

[2] 张殿生主编．电力工程高压送电线路设计手册［M］.2版．北京：中国电力出版社出版，2002.

附录　某海外油田地面工程典型电气图纸及设备的ESSID工作表和ESTOS工作表

典型电气系统图如附图1所示，典型电气系统的ESSID工作表和ESTOS工作表见附表1和附表2。

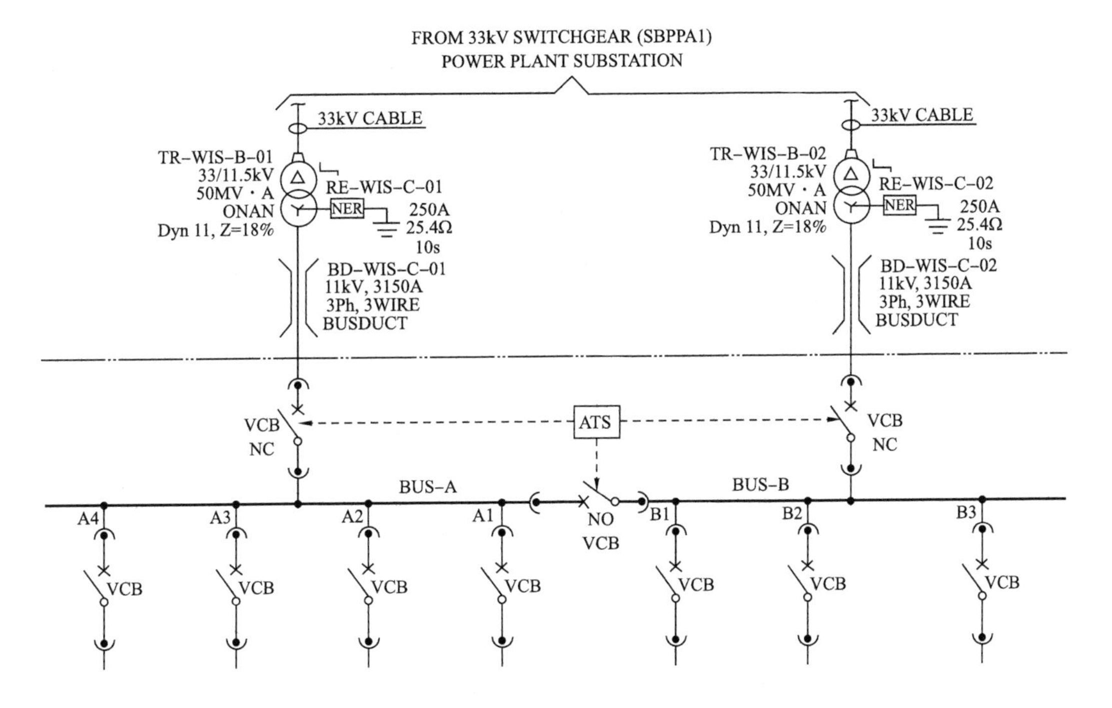

设备：

(1) 33kV动力电力：33kV电源至33/11.5kV变压器高压侧；

(2) 33/11.5kV，50MV · A电力变压器；

(3) 250A中性点接地电阻柜；

(4) 11kV，3150A母线桥。

附图1　典型电气系统图

附表 1　典型电气系统的 ESSID 工作表

参数	索引词	原因	后果	建议方案	执行方	备注
设备位号	位号未定义	设备位号应遵循业主要求或者相应的技术规定	易导致误操作	项目执行方应按照编码系统对设备进行编号，保证每个设备有唯一的编号		
可用性 / 实用性	无	变压器为非标设计，可能导致采办时间过长	非标设计变压器可能无型式试验证书	与供货商确认能否提供该非标产品		
额定值	低	变压器阻抗电压与标准值相比过高	过高的变压器阻抗可能会导致低压侧电压过低	再次确认变压器阻抗电压参数		
电压	过电压	雷击导致过电压	损坏设备	开关柜进线应提供雷击过电压保护		
保护与控制	不足	环境温度很高，变压器油无闪点保护	变压器可能会过热和跳闸	确认变压器的温度报警和跳闸设定值		
保护与控制	不足	变压器两侧差动 CT 特性是否一致在图上无法确认	差动保护可能无法实现保护功能或误动作	变压器两侧差动 CT 特性应一致		
环境湿度	高	母线桥的选型应满足现场的绝缘和湿度要求	闪络	确认母线桥内母排的间距、母线桥绝缘水平、母线桥散热量、母线排尺寸计算		
联锁	不足	电压互感器的接地及型式不明确；电压互感器是否方便维护不明确	闪络	确认电压互感器的接地设计；确认电压互感器是否为抽出式；确认电压互感器的维护是否需要特殊工具		
电流	过流	上口系统短路	损坏设备	试运前应完成继电保护配合报告		
湿度	高	电动机空间加热器没有安全开关和接地故障保护	电动机受潮	电动机电加热器回路应配置漏电保护开关；电动机附近应在空间加热器回路装设安全开关		
电流	过流	大截面电缆安装方式不合理	电缆因为故障或者固定方式不合理可能导致机械损伤	确认电缆的敷设方式及固定夹具的安装间距		
保护与控制	无	上口电源至变压器高压侧电缆无接地故障保护	上口电源跳闸	进线电源侧提供接地故障保护		

附表2　典型电气系统的 ESATO 工作表

设备 / 装置	潜在危险和操作问题	原因	关键工作（风险规避计划）	建议方案	执行方
变压器	火灾、爆炸—消防	火灾危险区域	无	提供灭火器或者消防系统	
变压器	火灾、爆炸—闪络外观检查	连接困难	保证接线箱的电缆接线有足够的空间	与供货商确认以下内容： （1）电缆数量； （2）电缆尺寸； （3）安装方法； （4）温度、湿度	
变压器	机械损伤—围栏	不利于变压器维护	保证变压器维修时能顺利移出	围栏应便于变压器的检修，不应在变压器的移入、移出时受到损伤	
变压器	机械损伤—绊倒或电缆损伤	电缆直接敷设在地面上，没有保护，另外有绊倒运维人员的危险	电缆应合理布置和被保护，并且不应影响运维和检修通道	保证设备附近的电缆路由不影响运维和检修	
变压器	触电—直接接触	电缆接线箱长度不足，无法安装电缆头	电缆接线箱需要有足够的接线空间	提供电缆信息给供货商；与供货方确认电缆接线箱尺寸，垂直段电缆应有电缆支撑且支撑数量与型式应与电缆重量匹配	
电缆 / 母线桥	机械损伤—其他	支撑设计不合理	合理设计母线桥支撑	母线桥支撑的数量和母线桥的重量匹配；母线桥两端使用软连接	
变压器	机械损伤—其他	火灾通过临近的贮油池蔓延至其他变压器间隔	每个变压器的贮油池应避免火灾蔓延	变压器贮油池之间无互联的排油管	
变压器	火灾、爆炸	防火墙耐火时间不满足时可能导致变压器烧毁	防火墙耐火时间应满足规范要求	变压器之间应有符合要求的防火墙	
接地系统	触电—临近区域	NER	避免 NER 外壳上发生凝露	NER 内部应有通风系统以避免凝露	
变压器	环境	照度不足，不利运维、检修	正常与应急工况下的照度应符合要求	正常与应急照明设计应符合要求	
母线桥	火灾、爆炸—闪络外观检查	防水防尘等级不足会损害设备	保证母线桥一致处于干燥和干净的状态	母线桥密封合格，IP 防护等级满足现场要求	

中压柜接线图如附图 2 所示，中压柜的 ESSID 工作表和 ESATO 工作表见附表 3 和附表 4。

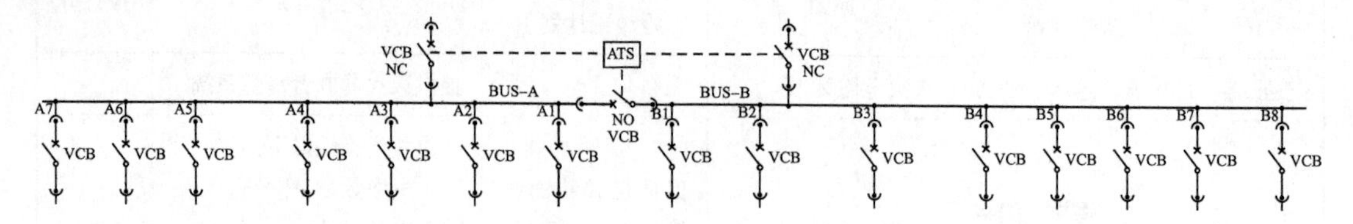

设备：11kV，3150A，25kA中压柜 。

附图 2　中压柜接线图

附表 3　中压柜的 ESSID 工作表

参数	索引词	原因	后果	建议方案	执行方	备注
电压	过电压	雷电过电压	损坏设备	开关柜进线需提供雷电过电压保护		
电压	低电压	失去上口电源	电压降过大导致进线失电	提供 LAOD SHEDDING 方案		
电流	过流	上口系统短路	损坏设备	试运前应完成继电保护配合报告		
环境湿度	高	母线应满足现场环境湿度要求	闪络	确认母线桥内母排的间距、母线桥绝缘水平、母线桥散热量、母线排尺寸计算		
联锁	不足	PT 不易检修	闪络	核实 PT 是否可以抽出； 如果 PT 检修需特殊工具，请提供		
电流	过流	上口系统故障；系统短路	损坏设备	试运前应完成继电保护配合报告		
保护与控制	无	紧急工况下空间加热器失电	损坏设备	开关柜空间加热器电源应来自应急电源，保证盘柜失电时空间加热器仍能正常工作		
电流	过流	上口系统故障；系统短路	损坏设备	基于设备最终参数完成潮流、短路、电动机启动报告		
保护与控制	不足	CT 灵敏度不够	保护可能无法检测到故障	应提供 CT 选型计算书； 保护的所有功能应在工厂试验阶段进行测试		
湿度	高	空间加热器没有安全开关和接地故障保护	设备受潮	电加热器回路应配置漏电保护开关；设备附近应在空间加热器回路装设安全开关		
保护与控制	无	上下口的差动 CT 特性不匹配	差动保护拒动或者误动	差动 CT 需由同一制造厂供货		
保护与控制	无	去下口配电盘的馈线无接地故障保护	越级跳闸	馈线提供接地故障保护		

附表 4　中压柜的 ESATO 工作表

设备 / 装置	潜在危险和操作问题	原因	关键工作（风险规避计划）	建议方案	执行方
开关柜	火灾、爆炸—闪络外观检查	母线连接螺栓松动，导致局部过热（热点）	无	保证所有开关柜内防弧能力满足要求	
开关柜	火灾、爆炸—闪络外观检查	连接困难	保证接线箱的电缆接线有足够的空间	与供货商确认以下内容： （1）电缆数量； （2）电缆尺寸； （3）安装方法； （4）温度、湿度	
开关柜	机械损伤—妨碍	开关柜或内部元器件、设备无法安装维护	保证设备能够安装和维护	配电室门的尺寸需要考虑安装的最大设备	
开关柜	触电—直接接触	开关柜电缆小室空间不足，无法满足电缆头的接线要求； 电缆小室底部增加沉箱，但是可能会影响柜子整体的 IP 防护等级	开关柜内应有足够的电缆接线空间	提供电缆信息给供货商；与供货方确认电缆接线箱尺寸，垂直段电缆应有电缆支撑，且支撑数量与型式应与电缆重量匹配	
开关柜	触电—直接接触	开关柜布置应考虑下一期的扩建	保证扩建时的空间和连接	保证扩建接线时不影响已投产部分的操作与运行	
开关柜	闪络	柜子进水	防止开关柜进水	开关柜柜体防护等级满足要求，顶部空间不应有可能漏水的管线、设备等	
开关柜	误操作	柜子背面无位号标识	柜子背面应有位号标识	开关柜正面与背面均需提供位号标识	

低压柜接线图如附图 3 所示，低压柜的 ESSID 工作表和 ESATO 工作表见附表 5 和附表 6。

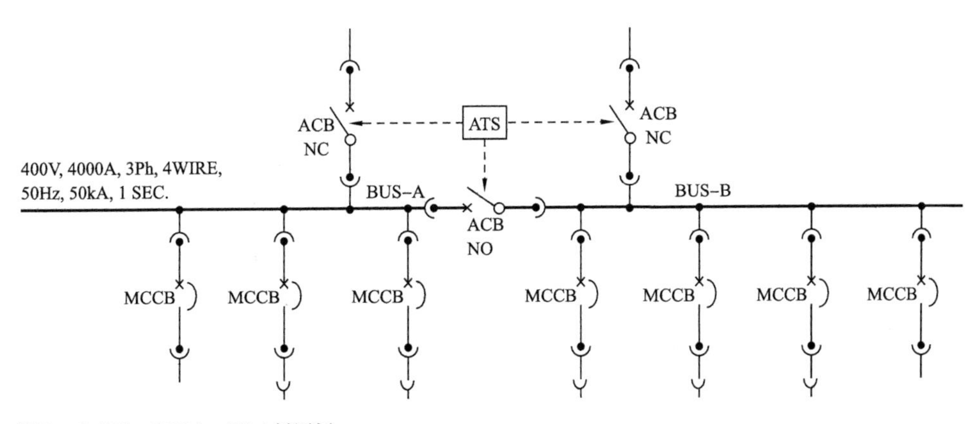

设备：0.4kV，4000A，50kA低压柜。

附图 3　低压柜接线图

附表 5　低压柜的 ESSID 工作表

参数	索引词	原因	后果	建议方案	执行方	备注
环境湿度	高	母线应满足现场环境湿度要求	闪络	确认母线桥内母排的间距、母线桥绝缘水平、母线桥散热量、母线排尺寸计算		
电流	过流	上口系统短路	损坏设备	试运前应完成继电保护配合报告		
保护与控制	无	紧急工况下空间加热器失电	损坏设备	开关柜空间加热器电源应来自应急电源，保证盘柜失电时空间加热器仍能正常工作		
保护与控制	不足	CT 灵敏度不够	保护可能无法检测到故障	应提供 CT 选型计算书；保护的所有功能应在工厂试验阶段进行测试		
湿度	高	空间加热器没有安全开关和接地故障保护	设备受潮	电加热器回路应配置漏电保护开关；应在空间加热器回路装设安全开关		
保护与控制	无	去下口配电盘的馈线无接地故障保护	越级跳闸	馈线提供接地故障保护		

附表 6　低压柜的 ESATO 工作表

设备 / 装置	潜在危险和操作问题	原因	关键工作（风险规避计划）	建议方案	执行方
开关柜	火灾、爆炸—闪络外观检查	母线连接螺栓松动，导致局部过热（热点）	无	保证所有开关柜内防弧能力满足要求	
开关柜	火灾、爆炸—闪络外观检查	连接困难	保证接线箱的电缆接线有足够的空间	与供货商确认以下内容： （1）电缆数量； （2）电缆尺寸； （3）安装方法； （4）温度、湿度	

续表

设备 / 装置	潜在危险和操作问题	原因	关键工作（风险规避计划）	建议方案	执行方
开关柜	机械损伤—妨碍	开关柜或内部元器件、设备无法安装维护	保证设备能够安装和维护	配电室门的尺寸需要考虑需要安装的最大设备	
开关柜	触电—直接接触	开关柜电缆小室空间不足，无法满足电缆头的接线要求； 电缆小室底部增加沉箱，但是可能会影响柜子整体的 IP 防护等级	开关柜内应有足够的电缆接线空间	提供电缆信息给供货商； 与供货方确认电缆接线箱尺寸，垂直段电缆应有电缆支撑且支撑数量与型式应与电缆重量匹配	
开关柜	触电—直接接触	开关柜布置应考虑下一期的扩建	保证扩建时的空间和连接	保证扩建接线时不影响已投产部分的操作与运行	
开关柜	操作步骤	误操作	断路器需要有相应的状态指示	需要提供断路器合分闸步骤及相应的状态指示	
开关柜	闪络	柜子进水	防止开关柜进水	开关柜柜体防护等级满足要求，顶部空间不应有可能漏水的管线、设备等	
开关柜	误操作	柜子背面无位号标识	柜子背面应有位号标识	开关柜正面与背面均需提供位号标识	
开关柜	触电—直接接触	PT 不易维护及检修	保证 PT 易于运维及检修	开关柜的结构上应易于从盘前对 PT 进行日常维护和检修； 如果 PT 的检修需要特殊工具，供货方应提供	
开关柜	机械损伤—其他	由于建筑物梁占用了空间导致操作及维护空间不足	保证开关柜周围的空间能够满足运行操作及检修维护的要求	保证操作及维护空间； 必要时采用 DUMMY PANEL 过渡	

应急柴油发电机接线图如附图 4 所示，应急柴油发电机的 ESSID 工作表和 ESATO 工作表见附表 7 和附表 8。

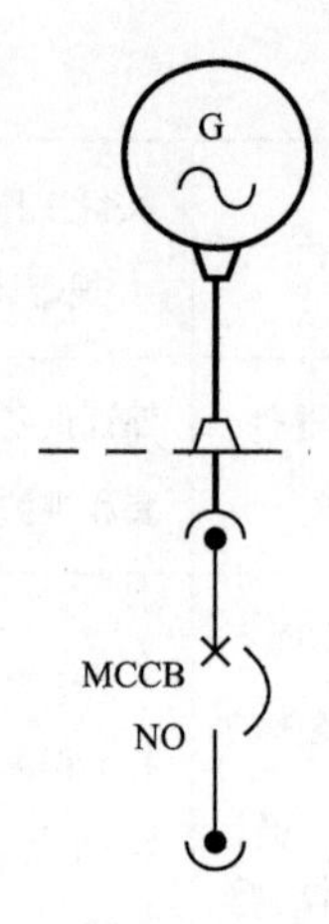

设备：0.4kV，200kV · A应急柴油发电机组。

附图 4 应急柴油发电机

附表 7 应急柴油发电机的 ESSID 工作表

参数	索引词	原因	后果	建议方案	执行方	备注
电流	过流	上口系统短路	损坏设备	试运前应完成继电保护配合报告		
保护与控制	无	紧急工况下空间加热器失电	损坏设备	开关柜空间加热器电源应来自应急电源，保证盘柜失电时空间加热器仍能正常工作		
湿度	高	空间加热器没有安全开关和接地故障保护	设备受潮	电加热器回路应配置漏电保护开关；应在空间加热器回路装设安全开关		

附表 8 应急柴油发电机的 ESATO 工作表

设备 / 装置	潜在危险和操作问题	原因	关键工作（风险规避计划）	建议方案	执行方
发电机	机械损伤—绊倒或电缆损伤	电缆直接敷设在地面上，没有保护	电缆应合理布置和保护并且不应影响运维和检修通道	保证设备附近的电缆路由不影响运维和检修	
保护	操作步骤说明	熔断器熔断后无相应指示	提供故障指示	发电机侧 CT/PT 故障时应在下口低压柜有指示	

UPS 系统图如附图 5 所示，UPS 的 ESSID 工作表和 ESATO 工作表见附表 9 和附表 10。

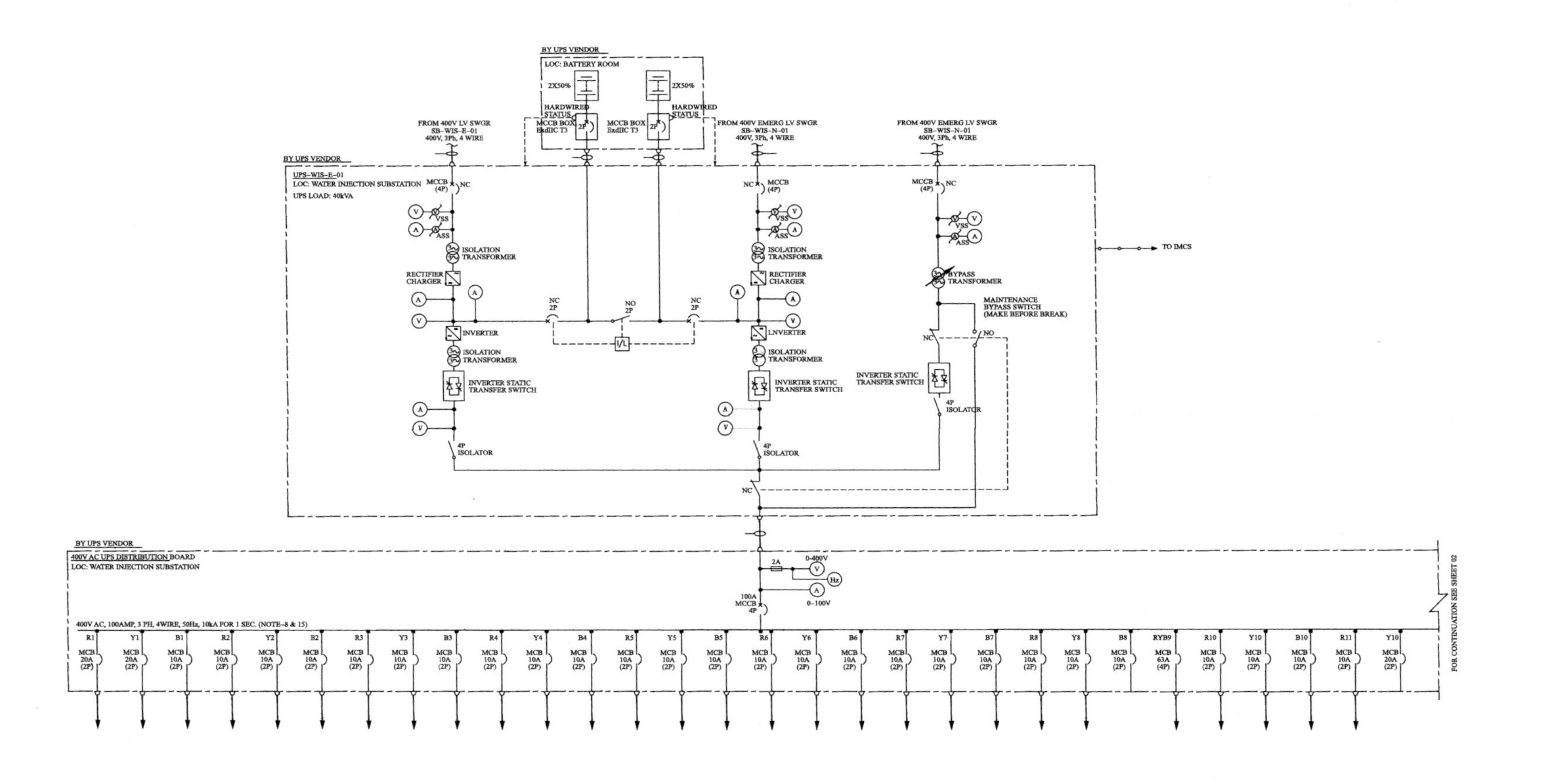

设备：

（1）0.40kV，40kV · A UPS ＆ 电池组；

（2）0.40kV（AC）UPS 配电箱。

附图 5　UPS 系统图

附表 9　UPS 的 ESSID 工作表

参数	索引词	原因	后果	建议方案	执行方	备注
装置	不足	无自动切换装置	主电源失电切换至电池供电时，供电间断时间无法满足要求	与供货方确认提供自动切换装置		
装置	不足	输入输出无隔离变压器	无法满足工业环境使用要求	提供输入、输出变压器		

附表 10　UPS 的 ESATO 工作表

设备 / 装置	潜在危险和操作问题	原因	关键工作（风险规避计划）	建议方案	执行方
电池	操作	安装与维护空间不足	保证有足够的安装与维护空间	门的尺寸及通道大小应易于安装和维护	
电池	操作	电解液可能损坏地面	保证地面耐腐蚀	地面应耐腐蚀	
电池	毒性	过充会产生氢气	电池室应有氢气探测器；电池室应满足通风换气要求	电池室应安装防爆氢气探测器与防爆风机	
UPS 和电池	操作	UPS 和电池由于过热导致性能下降	UPS 和电池应有足够的保护	UPS 和电池的运行环境温度应满足要求且不应有灰层堆积	

低压柜电动机馈线如附图 6 所示，低压柜典型电动机馈线及电动机的 ESSID 工作表和 ESATO 工作表见附表 11 和附表 12。

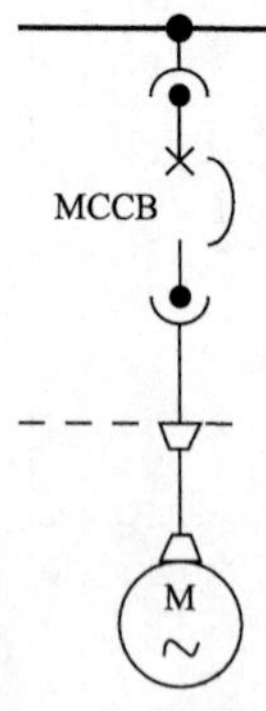

设备：0.4kV 低压柜典型电动机馈线及电动机。

附图 6　低压柜电动机馈线

附表 11　低压柜典型电动机馈线及电动机的 ESSID 工作表

参数	索引词	原因	后果	建议方案	执行方	备注
设备位号	位号未定义	设备位号应遵循业主要求或者相应的技术规定	易导致误操作	项目执行方应按照编码系统对设备进行编号，保证每个设备有唯一的编号		
电压	低电压	配电柜低压瞬时跌落	所有电动机跳闸	检查电动机启动器在电压下降时保持接触在 0.2s 以内的能力		

附表 12　低压柜典型电动机馈线及电动机的 ESATO 工作表

设备 / 装置	潜在危险和操作问题	原因	关键工作（风险规避计划）	建议方案	执行方
电动机	操作	无挂锁	触电—直接接触	操作柱提供挂锁	